土木職
公務員試験

専門問題と解答　第3版

数学編

米田　昌弘

大学教育出版

まえがき

　技術系の公務員を目指すなら，採用枠が最も多い土木系学科は最適で，著者の勤務する大学でも，4 年生になると多くの学生が

　　4 月下旬　国家公務員総合職試験（H23 年度までは I 種試験）

　　5 月上旬　東京都 I 類 B 試験（土木）

　　5 月中旬　大阪府採用試験（土木）

　　6 月上旬　労働基準監督官 B 試験

　　6 月中旬　国家公務員一般職試験（H23 年度までは II 種試験）

　　6 月下旬　府県・政令指定都市の採用試験をはじめとする A 日程試験（土木）

　　7 月下旬　市役所 B 日程試験（土木）

　　9 月下旬　市役所 C 日程試験（土木）

などの公務員採用試験にチャレンジしています.

　著者の所属する学科では，これらの試験の中でも，とりわけ国家公務員一般職試験（H23年度までは II 種試験）の受験を推奨しています. 国家公務員一般職試験の専門試験では，当然ですが，大学で学んだ専門科目に関する問題が最も多く出題されますので，学生が効率よく勉強できるようにと考えて，著者はすでに土木職公務員試験の [必修科目編] と [選択科目編] をそれぞれ出版しています. 手前みそですが，この 2 冊は学生の評判も上々で，少しは学生教育に貢献できたと思っていたのですが，それもつかの間，[数学編] と [物理編] もできるだけ早く出版してほしいという強い要望が学生から多く寄せられるようになりました. これは，**国家公務員一般職の採用試験では**，工学の基礎である数学と物理も専門科目に位置づけられており，**土木に関する専門科目に加え**，**数学と物理に関する問題も多数出題される**からです. そこで，教え子達に背中を押されながらも，思い切って土木職公務員試験の [数学編] を執筆する決心をした次第です.

　ところで，**国家公務員採用試験では教養試験も課せられています. また，地方公務員試験では**，教養試験の代わりに適性検査の定番として知られる SPI 試験を課す自治体も増えており，専門科目も含めた膨大な出題範囲をパーフェクトに準備するのは至難の業です. ただし，たとえ公務員試験であっても，**100 点満点をとる必要などありません**. 試験に出るところを確実に効率よく身につけることが大切なのです. そこで，本書の執筆にあたっては，公務員試験で出題される数学の問題について，最小の労力で合格ライン（年度によって異なりますが，50〜60％程度の正解率）を目指せるように，勉強しやすい適度な分量となるように配慮致しました.

　最初は解けなくても，解答に至るまでのポイントを理解しながら，2 回，3 回と本書の問

ii

題を繰り返して解いているうちに，本番の公務員試験までには必ずや合格点に達するだけの実力がついているはずです．それゆえ，数学に対して苦手意識を抱いている学生には，是非とも本書を活用していただければありがたいと願っています（地方公務員を目指す学生は，[やや難]の問題をスキップしていただいても構いません）．**「継続は力なり」**です．是非とも，**"公務員試験に絶対に合格する"**という強い意志を持って皆さんの夢を叶えて頂き，土木技術者として社会に貢献してほしいと願っています．

　なお，本書は 2009 年 2 月に初版第 1 刷を発行した後，刷を重ねてきましたが，従来の「国家公務員 II 種試験」が「一般職試験」に，「国家公務員 I 種試験」が「総合職試験」にそれぞれリニューアルされたこともあり，一般職試験や総合職試験ならびに労働基準監督官試験で出題された問題も新たに追加して，第 3 版として発行することにしました．

　最後になりましたが，本書を執筆するにあたり，参考文献にあげました多くの図書を参照させていただきました．紙面を借りて，これらの参考文献を執筆された先生方に敬意を表するとともに，心から厚くお礼を申し上げたいと思います．

2022 年 9 月

著　者

土木職公務員試験 専門問題と解答　［数学編］［第 3 版］

目　次

iv

土木職公務員試験 専門問題と解答 ［数学編］ ［第 3 版］

第1章

式と計算

●整数

0 と，自然数 1，2，3，… および自然数に負号をつけた数 −1，−2，−3，… をあわせた数のことで，1，2，3，… を正の整数，−1，−2，−3，… を負の整数といいます．

●無理数

(1) a，bが実数のとき，$a+b\sqrt{k}$（$k>0$）と$a-b\sqrt{k}$を互いに共役な無理数といいます．

(2) 分母の有理化

$$\frac{b}{\sqrt{a}}=\frac{b\sqrt{a}}{a}, \quad \frac{c}{\sqrt{a}+\sqrt{b}}=\frac{c(\sqrt{a}-\sqrt{b})}{a-b} \qquad （ただし，a>0, b>0 で a\neq b）$$

(3) 2重根号

$$\sqrt{(a+b)+2\sqrt{ab}}=\sqrt{(\sqrt{a}+\sqrt{b})^2}=\sqrt{a}+\sqrt{b} \qquad （ただし，a>0, b>0）$$

$$\sqrt{(a+b)-2\sqrt{ab}}=\sqrt{(\sqrt{a}-\sqrt{b})^2}=\sqrt{a}-\sqrt{b} \qquad （ただし，a>b>0）$$

●相加平均と相乗平均

$$\frac{a+b}{2}\geqq\sqrt{ab} \qquad （a，b が正の整数のとき）$$

ただし，等号は$a=b$のときに成立します．

●恒等式（xについての恒等式）

含まれる変数がどのような値をとっても成り立つ等式を**恒等式**といい，たとえば，

$$ax^2+bx+c=a'x^2+b'x+c'$$

では係数比較して，

$$a=a', \quad b=b', \quad c=c'$$

となります．

●2次方程式の解

$ax^2+bx+c=0$の解は，次式で求まります．

$$x = \frac{-b \pm \sqrt{b^2 - 4ac}}{2a}$$

ただし，a，b，c は実数で $a \neq 0$ です．

●2次方程式の判別式

2次方程式 $y = f(x) = ax^2 + bx + c$（$a > 0$）において，**判別式 D** は

$$D = b^2 - 4ac \quad （2次方程式の解において根号内に対応）$$

となります．

2次方程式の2つの解を α，β とおきます．このとき，

① $D > 0$ ならば α，β は相異なる実数

② $D = 0$ ならば α，β は等しい（重解）

③ $D < 0$ ならば α，β は相異なる虚数（実数解なし）

が成り立ちます．

表1-1 判別式 D と2次方程式の解

Dの符号	$D>0$	$D=0$	$D<0$
$y=f(x)$ のグラフ			
$f(x)=0$ の解	2つの（実数）解 α, β（$\alpha < \beta$）	重解 α	なし

ちなみに，2次方程式が異なる2つの正の解 α，β を持つための条件は，以下の通りです．

① 判別式 $D > 0$ ……… 実数解を2つ持つ条件

② $\alpha + \beta > 0$ ……… 2つの解の和が正

③ $\alpha\beta > 0$ ……… 2つの解の積が正

●2次方程式の解と係数の関係

$ax^2 + bx + c = 0$（$a \neq 0$）の2つの解を α，β としたとき，$(x-\alpha)(x-\beta) = 0$ の展開式と $x^2 + \dfrac{b}{a}x + \dfrac{c}{a} = 0$ の係数を比較すれば，

$$\alpha + \beta = -\frac{b}{a}, \quad \alpha\beta = \frac{c}{a}$$

という関係が得られます．

●3次方程式の解と係数の関係

$ax^3 + bx^2 + cx + d = 0$（$a \neq 0$）の3つの解を α，β，γ としたとき，

$$\alpha + \beta + \gamma = -\frac{b}{a}, \quad \alpha\beta + \beta\gamma + \gamma\alpha = \frac{c}{a}, \quad \alpha\beta\gamma = -\frac{d}{a}$$

という関係があります.

●因数分解

たとえば,

$$2x^2 - 5x - 3 = 0$$

は,「2 次方程式の解」を適用しなくても, 図 1-1 に示す「たすき掛け」の要領で

$$2x^2 - 5x - 3 = (x-3)(2x+1) = 0$$

のように因数分解すれば, 簡単に

$$x = 3, \quad -\frac{1}{2}$$

の解が得られます.

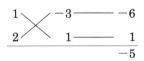

図 1-1　たすき掛け

因数分解に用いる公式を以下に示しておきます.

$$x^2 + (a+b)x + ab = (x+a)(x+b)$$
$$a^2 + 2ab + b^2 = (a+b)^2$$
$$a^2 - 2ab + b^2 = (a-b)^2$$
$$a^2 - b^2 = (a+b)(a-b)$$
$$acx^2 + (ad+bc)x + bd = (ax+b)(cx+d)$$
$$a^3 + b^3 = (a+b)(a^2 - ab + b^2)$$
$$a^3 - b^3 = (a-b)(a^2 + ab + b^2)$$
$$a^3 + 3a^2b + 3ab^2 + b^3 = (a+b)^3$$
$$a^3 - 3a^2b + 3ab^2 - b^3 = (a-b)^3$$

●指数法則

m, n が正の整数のとき, 以下の関係が成立します.

$$a^m \times a^n = a^{m+n}$$

$$a^m \div a^n = \begin{cases} a^{m-n} & (m > n) \\ 1 & (m = n) \\ \dfrac{1}{a^{n-m}} & (m < n) \end{cases} \quad (a \neq 0)$$

$$\left(a^m\right)^n = a^{mn}, \quad \left(ab\right)^n = a^n b^n$$

$$\left(\frac{a}{b}\right)^n = \frac{a^n}{b^n} \quad (b \neq 0)$$

●約数の個数と総和

正の整数 N を**素因数分解**して $N = a^{\ell} b^m c^n$ と表せるとき，以下の関係が成立します．

N の正の約数の個数 : $(\ell+1)(m+1)(n+1)$ 個

N の正の約数の総和 : $\dfrac{a^{\ell+1}-1}{a-1} \times \dfrac{b^{m+1}-1}{b-1} \times \dfrac{c^{n+1}-1}{c-1}$

●対数とその性質

(1) a を 1 に等しくない正の数，R と S を正の数とするとき，以下の関係が成立します．

$\log_a 1 = 0, \quad \log_a a = 1$

$\log_a RS = \log_a R + \log_a S \qquad (a \neq 0)$

$\log_a \dfrac{R}{S} = \log_a R - \log_a S$

$\log_a R^t = t \log_a R$

$\log_a R = \dfrac{\log_b R}{\log_b a} \quad (b>0, \ b \neq 1) \qquad$ （底の変換公式）

(2) $\log_a M > \log_a N$ の場合，

①真数条件より，$M > 0, \ N > 0$

② $a > 1$ のときは $M > N$，$0 < a < 1$ のときは $M < N$

の関係が成立します．

●対数と指数の関係

$a > 0, \ a \neq 1, \ R > 0$ のとき，

$a^p = R \leftrightarrow p = \log_a R$

$\log_{10} R = r \leftrightarrow R = 10^r$

の関係が成立します．

●三角関数

(1) 基本公式

$\sin\theta = \dfrac{y}{r}, \ \operatorname{cosec}\theta = \dfrac{1}{\sin\theta} = \dfrac{r}{y}$

$\cos\theta = \dfrac{x}{r}, \ \sec\theta = \dfrac{1}{\cos\theta} = \dfrac{r}{x}$

$\tan\theta = \dfrac{y}{x}, \ \cot\theta = \dfrac{1}{\tan\theta} = \dfrac{x}{y}$

$\sin^2\theta + \cos^2\theta = 1$

（図 1-2 と表 1-2 を参照）

 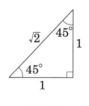 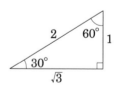

図 1-2

表 1-2

	$\sin\theta$	$\cos\theta$	$\tan\theta$
30°	$1/2$	$\sqrt{3}/2$	$1/\sqrt{3}$
45°	$1/\sqrt{2}$	$1/\sqrt{2}$	1
60°	$\sqrt{3}/2$	$1/2$	$\sqrt{3}$

(2) 三角関数の合成公式

$$a\sin\theta + b\cos\theta = \sqrt{a^2+b^2}\sin(\theta+\alpha)$$

ただし，α は $\cos\alpha = \dfrac{a}{\sqrt{a^2+b^2}}$，$\sin\alpha = \dfrac{b}{\sqrt{a^2+b^2}}$　　（図 1-3 を参照）

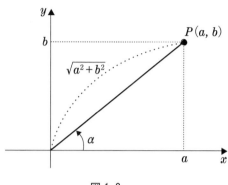

図 1-3

(3) 加法定理

$$\sin(\alpha \pm \beta) = \sin\alpha\cos\beta \pm \cos\alpha\sin\beta$$

$$\cos(\alpha \pm \beta) = \cos\alpha\cos\beta \mp \sin\alpha\sin\beta$$

$$\tan(\alpha \pm \beta) = \frac{\tan\alpha \pm \tan\beta}{1 \mp \tan\alpha\tan\beta}$$

$$\sin\alpha + \sin\beta = 2\sin\frac{\alpha+\beta}{2}\cos\frac{\alpha-\beta}{2}$$

$$\sin\alpha - \sin\beta = 2\cos\frac{\alpha+\beta}{2}\sin\frac{\alpha-\beta}{2}$$

$$\cos\alpha + \cos\beta = 2\cos\frac{\alpha+\beta}{2}\cos\frac{\alpha-\beta}{2}$$

$$\cos\alpha - \cos\beta = -2\sin\frac{\alpha+\beta}{2}\sin\frac{\alpha-\beta}{2}$$

(4) 倍角公式 （加法定理より）

$$\sin 2\theta = 2\sin\theta\cos\theta$$

$$\cos 2\theta = 2\cos^2\theta - 1 = 1 - 2\sin^2\theta$$

$$\sin^2\theta = \frac{1-\cos 2\theta}{2}$$

$$\cos^2\theta = \frac{1+\cos 2\theta}{2}$$

●双曲線関数

$$\sinh x = \frac{e^x - e^{-x}}{2}$$

$$\cosh x = \frac{e^x + e^{-x}}{2}$$

$$\tanh x = \frac{\sinh x}{\cosh x} = \frac{e^x - e^{-x}}{e^x + e^{-x}}$$

$$\coth x = \frac{\cosh x}{\sinh x}$$

$$\operatorname{sech} x = \frac{1}{\cosh x}$$

$$\operatorname{cosech} x = \frac{1}{\sinh x}$$

$$\sinh(-x) = -\sinh x$$

$$\cosh(-x) = \cosh x$$

$$\tanh(-x) = -\tanh x$$

$$\cosh^2 x - \sinh^2 x = 1$$

●オイラーの公式

$$e^{ix} = \cos x + i\sin x$$

$$e^{-ix} = \cos x - i\sin x \qquad (i は虚数単位で, \ i^2 = -1)$$

●関数の展開

$$\sin x = x - \frac{x^3}{3!} + \frac{x^5}{5!} - \cdots + (-1)^n \frac{x^{2n+1}}{(2n+1)!} + \cdots \qquad (x^2 < \infty)$$

$$\cos x = 1 - \frac{x^2}{2!} + \frac{x^4}{4!} - \cdots + (-1)^n \frac{x^{2n}}{(2n)!} + \cdots \qquad (x^2 < \infty)$$

$$e^x = 1 + \frac{x}{1!} + \frac{x^2}{2!} + \frac{x^3}{3!} + \cdots + \frac{x^n}{n!} + \cdots$$

$$(1+x)^n = 1 + \frac{n}{1!}x + \frac{n(n-1)}{2!}x^2 + \cdots + \frac{n(n-1)\cdots(n-r+1)}{r!}x^r + \cdots$$

$$(ただし, \ |x| < 1)$$

●p 進法

3 進法で表された $a = 2102_{(3)}$ を 10 進法で表すと

$$a = 2102_{(3)} = 2 \times 3^3 + 1 \times 3^2 + 0 \times 3^1 + 2 \times 3^0 = 54 + 9 + 0 + 2 = 65$$

3 進法で表された $b = 0.201_{(3)}$ を 10 進法で表すと

$$b = 0.201_{(3)} = 2 \times \frac{1}{3} + 0 \times \frac{1}{3^2} + 1 \times \frac{1}{3^3} = \frac{2}{3} + 0 + \frac{1}{27} = \frac{19}{27}$$

10 進法で表された 45 を 3 進法で表すと，図 1-4 から，

$$45 = 1200_{(3)}$$

$$
\begin{array}{r}
3)\ 45 \\
3)\ 15 \cdots 0 \\
3)\ \ 5 \cdots 0 \\
1 \cdots 2
\end{array}
$$

図 1-4

10 進法で表された $\dfrac{20}{27}$ を 3 進法で表すと，図 1-5 から，

$$\frac{20}{27} = \frac{2 \times 9 + 2}{27} = 2 \times \frac{1}{3} + 0 \times \frac{1}{3^2} + 2 \times \frac{1}{3^3} = 0.202_{(3)}$$

$$
\begin{array}{r}
3)\ 20 \\
3)\ \ 6 \cdots 2 \\
2 \cdots 0
\end{array}
$$

図 1-5

【問題 1.1】 表（問題 1-1）のように，2^n を 9 で除したときの余りを考えます．2^{2015} を 9 で除したときの余りを求めなさい．

表（問題 1-1）

n	2^n を 9 で除したときの余り
1	2
2	4
3	8
4	7
⋮	⋮

（国家公務員総合職試験[大卒程度試験]）

【解答】 2^5 を 9 で除したときの余りは 5，2^6 を 9 で除したときの余りは 1，2^7 を 9 で除したときの余りは 2，2^8 を 9 で除したときの余りは 4，……です．すなわち，

$n = 1$ なら余りは 2

$n = 2$ なら余りは 4

$n=3$ なら余りは 8

$n=4$ なら余りは 7

$n=5$ なら余りは 5

$n=6$ なら余りは 1

$n=7$ なら余りは 2

$n=8$ なら余りは 4

となります．これから，指数 n が 6 増えると 1 周回って同じ値になることがわかります．

　ところで，

$$2015 = 6 \times 335 + 5 \quad （335 周回って 5 番目）$$

ですので，余りは 5 であることがわかります．

【問題 1.2】正の整数 n に対して，$f(n)$ を以下の(a)，(b)，(c)を満たすように定めたとき，$f(120)$ の値を求めなさい．

(a) $f(1) = 1$

(b) 互いに素な（最大公約数が 1 である）2 つの正の整数 a，b に対し，$f(ab) = f(a)f(b)$

(c) n が素数 p と正の整数 k を用いて $n = p^k$ と表されるとき，$f(n) = f(p^k) = \dfrac{p}{p-1}$

（国家公務員総合職試験[大卒程度試験]）

【解答】(a)，(b)，(c)の条件がなぜ与えられているのかを考えることが大切です．
$120 = 8 \times 15 = 8 \times 3 \times 5$ ですので，求める答えは，

$$f(120) = f(8 \times 15) = f(8) \times f(15) = f(8) \times f(3) \times f(5) = f(2^3) \times f(3^1) \times f(5^1)$$

$$= \frac{2}{2-1} \times \frac{3}{3-1} \times \frac{5}{5-1} = 2 \times \frac{3}{2} \times \frac{5}{4} = \frac{15}{4}$$

となります．

【**問題 1.3**】ある生物は，1 日に 1.0mm 成長し，長さが 2cm になるとすぐに 1cm の 2 匹に分裂します．いま，長さ ℓ のこの生物 1 匹を密封された容器の中に入れ，28 日後から 30 日後までの間のある時点で容器の中を調べたところ，長さ 1.5cm のものが 8 匹確認できました．ℓ として妥当なのは，次のうちではどれか答えなさい．ただし，分裂した生物はすべて生存していたものとします．

1. 1.2cm
2. 1.4cm
3. 1.6cm
4. 1.8cm
5. 1.9cm

（国家公務員 II 種試験）

【**解答**】この生物は 1 日に 1.0mm 成長して 20mm(2.0cm)になると分裂しますので，ℓ [mm] の生物は $(20-\ell)$ 日後に 2 匹に分裂し，以降，10 日後に 4 匹，さらに 10 日後に 8 匹に分裂した後，その 5 日後に 15mm[1.5cm] に成長します．したがって，長さ 15mm のものが 8 匹存在するのは，$(20-\ell)+10+10+5=(45-\ell)$ 日後であることがわかります．ところで，28 日後から 30 日後までの間のある時点で容器の中を調べたのですから，

$$28 \leqq 45-\ell \leqq 30$$

でなければなりません．よって，

$$15[\text{mm}] \leqq \ell \leqq 17[\text{mm}]$$

となり，正解は 3 の 1.6cm であることがわかります．

【問題 1.4】 3 次方程式 $2x^3 - 3x^2 + x - 5 = 0$ の解を α，β，γ とするとき，$\alpha^2 + \beta^2 + \gamma^2$ の値を求めなさい．

（労働基準監督官採用試験）

【解答】 3 次方程式の解と係数には，

$ax^3 + bx^2 + cx + d = 0$（$a \neq 0$）の 3 つの解を α，β，γ としたとき，

$$\alpha + \beta + \gamma = -\frac{b}{a}, \quad \alpha\beta + \beta\gamma + \gamma\alpha = \frac{c}{a}, \quad \alpha\beta\gamma = -\frac{d}{a}$$

という関係があります．これを利用すれば，

$$\alpha + \beta + \gamma = -\frac{-3}{2} = \frac{3}{2}, \quad \alpha\beta + \beta\gamma + \gamma\alpha = \frac{1}{2}, \quad \alpha\beta\gamma = -\frac{-5}{2} = \frac{5}{2}$$

ゆえに，

$$(\alpha + \beta + \gamma)^2 = (\alpha + \beta)^2 + 2(\alpha + \beta) + \gamma^2 = \alpha^2 + \beta^2 + \gamma^2 + 2(\alpha\beta + \beta\alpha + \gamma\alpha)$$

に代入すれば，求める答えは，

$$\alpha^2 + \beta^2 + \gamma^2 = \frac{5}{4}$$

となります．

【問題 1.5】 直線 $(k+3)x - (2k+1)y + 4k - 3 = 0$ は k の値にかかわらず定点を通ります．その定点の座標を求めなさい．

【解答】 k について整理すれば，

$$(x - 2y + 4)k + (3x - y - 3) = 0$$

上式は k についての**恒等式**と見なせますので，すべての k について成り立つためには

$$x - 2y + 4 = 0$$
$$3x - y - 3 = 0$$

これを解けば，

$$x = 2, \quad y = 3$$

となり，定点の座標は $(2, 3)$ であることがわかります．

【問題 1.6】x の 3 次式 $x^3 + ax - 2$ が x の 2 次式 $x^2 + 2x + b$ で割り切れるとき，a と b の値を求めなさい．

【解答】$(x^3 + ax - 2)/(x^2 + 2x + b)$ を，以下のように計算します．

$$
\begin{array}{r}
x - 2 \\
x^2 + 2x + b\overline{)x^3 \qquad + ax \qquad\quad - 2} \\
\underline{x^3 + 2x^2 + bx \qquad\quad} \\
-2x^2 + (a - b)x - 2 \\
\underline{-2x^2 \qquad\quad - 4x - 2b} \\
(a - b + 4)x - 2 + 2b
\end{array}
$$

よって，

商は，

$$x - 2$$

余りは，

$$(a - b + 4)x - 2 + 2b$$

となります．ところで，割り切れるときは余りが 0 ですので，

$$(a - b + 4)x - 2 + 2b = 0 \quad \text{すなわち，} \quad a - b + 4 = 0 \ \text{かつ} \ -2 + 2b = 0$$

したがって，求める答えは，

$$a = -3, \quad b = 1$$

となります．

【問題 1.7】x の 3 次式 $f(x)$ を $(x+1)(x-3)$ で割った余りは $16x + 12$ であり，$(x-1)(x-2)$ で割った余りは $16x - 12$ でした．このとき，$f(x)$ を $(x+1)(x-2)$ で割った余りを求めなさい．

（国家公務員一般職試験）

【解答】3 次式 $f(x)$ を $(x+1)(x-2)$ で割った余りは 1 次以下の式となり，

$$ax + b \quad (a, \ b \text{は実数})$$

と表すことができます．それゆえ，$f(x)$ を $(x+1)(x-2)$ で割った商を $Q(x)$ とすれば，

$$f(x) = (x+1)(x-2)Q(x) + ax + b \tag{a}$$

と表示できます．

一方，$f(x)$ を $(x+1)(x-3)$ で割った商を $O(x)$，$(x-1)(x-2)$ で割った商を $P(x)$ とすれば，

$$f(x) = (x+1)(x-3)O(x) + 16x + 12 \tag{b}$$

$$f(x) = (x-1)(x-2)P(x) + 16x - 12 \tag{c}$$

と表示できますので,

式(b)に $x=-1$ を代入すれば,

$$f(-1)=16\times(-1)+12=-4$$

式(c)に $x=2$ を代入すれば,

$$f(2)=16\times2-12=20$$

となります. そこで, 式(a)に $x=-1$ と $x=2$ を代入すれば,

$$f(-1)=a\times(-1)+b=-4$$
$$f(2)=a\times2+b=20$$

したがって, $a=8$, $b=4$ となり, 求める答えは,

$$8x+4$$

となります.

【問題 1.8】 放物線 $y=ax^2$ (a は正の定数) 上に点 A, B があります. △OAB が面積 $\sqrt{3}$ の正三角形であるとき, a の値を求めなさい. ただし, A, B の x 座標はそれぞれ, 正, 負とします.

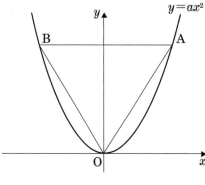

図 (問題 1-8)

(国家公務員 Ⅱ 種試験[教養])

【解答】 解図 (問題 1-8) のように, 点 A の座標を $(x_1, ax_1{}^2)$ とすれば,

$$\frac{x_1\times ax_1{}^2}{2}=\frac{\sqrt{3}}{2} \quad \text{ゆえに,} \quad ax_1{}^3=\sqrt{3} \tag{a}$$

また,

$$\sqrt{x_1{}^2+a^2x_1{}^4}\cos60°=x_1$$

から得られる,

$$\sqrt{x_1{}^2 + a^2 x_1{}^4} = 2x_1$$

より，

$$\sqrt{1 + a^2 x_1{}^2} = 2 \tag{b}$$

式(a)と式(b)より，

$$x_1{}^4 = 1$$

の関係式が得られ，$x_1 > 0$ なので $x_1 = 1$ となります．

したがって，求める答えは，

$$a = \sqrt{3}$$

であることがわかります．

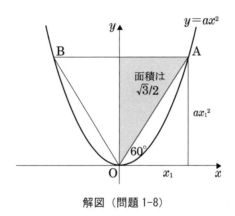

解図（問題 1-8）

【問題 1.9】 半径が 5 の球に内接する，底面の半径が 4 の直円柱の体積を求めなさい．

（国家公務員一般職試験）

【解答】 解図（問題 1-9）を参照すれば，直円柱の高さは 6 であることがわかりますので，直円柱の体積 V は，

$$V = \pi \times 4^2 \times 6 = 96\pi$$

となります．

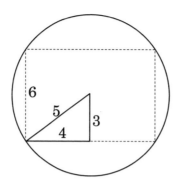

解図（問題 1-9）

【**問題 1.10**】図（問題 1-10）のように，半径 1 の球 4 つを球の中心を頂点とする四角形が一辺 2 の正方形となるように水平面に置き，その上に同じ大きさの球を下の 4 つの球と接するように置きました．このとき，水平面から上の球の最上部までの高さ h を求めなさい．

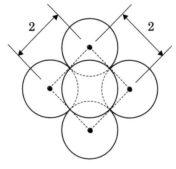

平面図

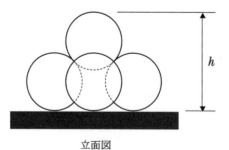

立面図

図（問題 1-10）

（国家公務員 II 種試験）

【解答】解図（問題 1-10）を参照すれば，水平面から上の球の最上部までの高さ h は，

$$h = 4 - 2 \times \left(1 - \frac{1}{\sqrt{2}} \right) = 2 + \sqrt{2}$$

となります．

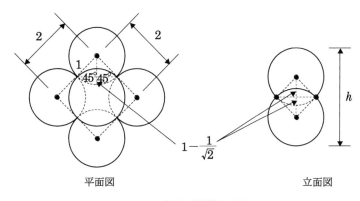

平面図　　　　　　立面図

解図（問題 1-10）

【問題 1.11】 $x - \dfrac{1}{x} = 1$ のとき，$x^3 - \dfrac{1}{x^3}$ の値を求めなさい．

（国家公務員 II 種試験[教養]）

【解答】 $a^3 - b^3 = (a-b)(a^2 + ab + b^2)$ を用いる問題です．与えられた条件より，$x - \dfrac{1}{x} = 1$ ですので，

$$x^3 - \frac{1}{x^3} = \left(x - \frac{1}{x} \right)\left(x^2 + x \times \frac{1}{x} + \frac{1}{x^2} \right) = 1 \times \left\{ \left(x - \frac{1}{x} \right)^2 + 3 \right\} = 4$$

となります．

【問題 1.12】 x と y に関する連立方程式

$$\begin{cases} x^3 = y^2 \\ x^y = y^x \end{cases} \qquad (x > 0, \ y > 0, \ x \neq 1)$$

の解のうち，x の値を求めなさい.

（労働基準監督官採用試験）

【解答】 $x = y^{\frac{2}{3}}$ なので，$x^y = y^x$ は $y^{\frac{2}{3}y} = y^x$ となり，

$$x = \frac{2}{3}y$$

の関係が成立します．この関係を $x^3 = y^2$ に代入すれば

$$\left(\frac{2}{3}y\right)^3 = y^2 \quad \text{したがって，} \quad \frac{8}{27}y^3 - y^2 = 0$$

$$\text{ゆえに，} \quad y\left(\frac{8}{27}y - 1\right) = 0 \text{ から } y = \frac{27}{8} \quad (\because y > 0)$$

よって，求める答えは，

$$x = \frac{2}{3}y = \frac{2}{3} \times \frac{27}{8} = \frac{9}{4}$$

となります.

【問題 1.13】 関数 $y = 2 \cdot 4^x - 2^{x+4} + 31$ の最小値を求めなさい.

（国家公務員Ⅱ種試験）

【解答】 $X = 2^x$ とおけば，与えられた関数は，

$$y = 2 \cdot 4^x - 2^{x+4} + 31 = 2 \cdot 2^{2x} - 2^4 \cdot 2^x + 31 = 2\left\{(X-4)^2 - \frac{32}{2} + \frac{31}{2}\right\} = 2(X-4)^2 - 1$$

と変形できますので，最小値は -1（$X = 2^x = 4$ のとき）であることがわかります.

【問題 1.14】3 次方程式 $x^3 - 2x^2 + 3x - 1 = 0$ の相異なる 3 つの解を α，β，γ とするとき，$\alpha^3 + \beta^3 + \gamma^3$ の値を求めなさい．

（労働基準監督官採用試験）

【解答】3 次方程式の解と係数の関係を適用すれば，

$$\alpha + \beta + \gamma = -\frac{-2}{1} = 2$$

$$\alpha\beta + \beta\gamma + \gamma\alpha = \frac{3}{1} = 3$$

$$\alpha\beta\gamma = -\frac{-1}{1} = 1$$

なお，3 次方程式の解と係数の関係を覚えていない場合は，

$$(x - \alpha)(x - \beta)(x - \gamma) = 0$$

を展開して整理した

$$x^3 - (\alpha + \beta + \gamma)x^2 + (\alpha\beta + \beta\gamma + \gamma\alpha)x - \alpha\beta\gamma = 0$$

と与えられた 3 次方程式の係数を比較しても同じ結果が得られます．

ところで，

$$\alpha^3 + \beta^3 + \gamma^3 - 3\alpha\beta\gamma = (\alpha + \beta + \gamma)(\alpha^2 + \beta^2 + \gamma^2 - \alpha\beta - \beta\gamma - \gamma\alpha)$$

と変形できますので，

$$\alpha^3 + \beta^3 + \gamma^3 = (\alpha + \beta + \gamma)(\alpha^2 + \beta^2 + \gamma^2 - \alpha\beta - \beta\gamma - \gamma\alpha) + 3\alpha\beta\gamma$$

また，

$$(\alpha + \beta + \gamma)^2 = \alpha^2 + \beta^2 + \gamma^2 + 2(\alpha\beta + \beta\gamma + \gamma\alpha)$$

と変形できますので，求める答えは，

$$\alpha^3 + \beta^3 + \gamma^3 = 2 \times (2^2 - 2 \times 3 - 3) + 3 \times 1 = -7$$

となります．

【問題 1.15】実数 x，y，z の間に

$$2^{x+1} + 3^y - 5^z = 12$$

$$2^{x+3} + 3^y + 5^{z+1} = 60$$

の関係があるとき，2^x のとりうる値の全範囲を求めなさい．

（労働基準監督官採用試験）

【解答】$X = 2^x$，$Y = 3^y$，$Z = 5^z$ とおけば，与えられた式は，

$$2X + Y - Z = 12 \tag{a}$$

$$8X + Y + 5Z = 60 \tag{b}$$

18

と記述することができます．式(a)と式(b)から Z を消去すれば，

$$3X+Y=20$$

ところで，x，yは実数ですので，

$$X>0, \quad Y>0$$

であることから，

$$Y=20-3X>0 \quad \text{ゆえに，} \quad X<\frac{20}{3}$$

したがって，$2^x(=X)$のとりうる値の全範囲（求める答え）は，

$$0<X<\frac{20}{3}$$

となります．

【問題 1.16】 $x>0$，$y>0$，$x+y=1$のとき，$\log_2 x+\log_2 y$の最大値を求めなさい．

（国家公務員一般職試験）

【解答】 $\log_2 x+\log_2 y$は，

$$\log_2 x+\log_2 y=\log_2 xy=\log_2 x(1-x)$$

と変形できます．ここで，

$$x(1-x)=-x^2+x=-(x^2-x)=-\left(x-\frac{1}{2}\right)^2+\frac{1}{4}$$

なので，$x(1-x)$は$x=\frac{1}{2}$のときに$\frac{1}{4}$の最大値をとります．

したがって，$\log_2 x+\log_2 y$の最大値は，

$$\log_2 \frac{1}{4}=-\log_2 2^2=-2$$

となります．

【問題1.17】 $\lim\limits_{x\to\infty}\left(\sqrt{x^2-2x-3}-\sqrt{x^2+2x+3}\right)$ がいくらになるか求めなさい.

（国家公務員一般職試験）

【解答】 まず, $\sqrt{x^2-2x-3}-\sqrt{x^2+2x+3}$ を変形します.

$$\sqrt{x^2-2x-3}-\sqrt{x^2+2x+3}=\left\{\sqrt{x^2-(2x+3)}-\sqrt{x^2+(2x+3)}\right\}\frac{\sqrt{x^2-(2x+3)}+\sqrt{x^2+(2x+3)}}{\sqrt{x^2-(2x+3)}+\sqrt{x^2+(2x+3)}}$$

$$=\frac{x^2-(2x+3)-(x^2+2x+3)}{\sqrt{x^2-(2x+3)}+\sqrt{x^2+(2x+3)}}=\frac{-4x-6}{\sqrt{x^2-2x-3}+\sqrt{x^2+2x+3}}=\frac{-4-\dfrac{6}{x}}{\sqrt{1-\dfrac{2}{x}-\dfrac{3}{x^2}}+\sqrt{1+\dfrac{2}{x}+\dfrac{2}{x^2}}}$$

したがって,

$$\lim_{x\to\infty}\left(\sqrt{x^2-2x-3}-\sqrt{x^2+2x+3}\right)=-2$$

となります.

【問題1.18】次の等式が成り立つとき, 定数 a の値を 1〜5 の中から求めなさい. ただし, $a>0$ とします.

$$\lim_{x\to a}\frac{x^2+bx+3b}{x-a}=8$$

 1. 2 2. 3 3. 4 4. 5 5. 6

（労働基準監督官採用試験）

【解答】 $x\to a$ で分母の $x-a$ は 0 に近づきますので, 極限値が存在するためには,
$$a^2+ba+3b=0 \quad （分子の x に a を代入）$$
でなければなりません.

 上式に, 解答群に与えられた a の値を代入すれば, それぞれに対応する b の値が求まりますが, この中で極限値が 8 になるものが正解です. 計算を順次進めると, $a=6$ のときに $b=-4$ となり,

$$\lim_{x\to6}\frac{x^2-4x-12}{x-6}=\lim_{x\to6}\frac{(x-6)(x+2)}{x-6}=\lim_{x\to6}(x+2)=8$$

となります.

 したがって, 求める答えは 5 の

$$a = 6$$

であることがわかります.

【問題 1. 19】 $\displaystyle\lim_{x\to 0}\frac{\tan x+\sin 2x}{\sin 2x+\sin 4x}$ の値を求めなさい.

（国家公務員一般職試験）

【解答】 まず，与えられた式を変形すれば，

$$\frac{\tan x+\sin 2x}{\sin 2x+\sin 4x}=\frac{\dfrac{\sin x}{\cos x}+\sin 2x}{\sin 2x+2\sin 2x\cos 2x}=\frac{\dfrac{2\sin x\cos x}{2\cos^2 x}+\sin 2x}{\sin 2x+2\sin 2x\cos 2x}=\frac{\dfrac{\sin 2x}{2\cos^2 x}+\sin 2x}{\sin 2x+2\sin 2x\cos 2x}$$

$$=\frac{\dfrac{1}{2\cos^2 x}+1}{1+2\cos 2x}$$

したがって，求める答えは，

$$\lim_{x\to 0}\frac{\dfrac{1}{2\cos^2 x}+1}{1+2\cos 2x}=\frac{\dfrac{1}{2}+1}{1+2}=\frac{1}{2}$$

となります.

【問題 1. 20】 $\displaystyle\lim_{x\to 0}\frac{1-\cos x}{x^2}$ の値を求めなさい.

（労働基準監督官採用試験）

【解答】 $\displaystyle\lim_{x\to 0}\frac{1-\cos x}{x^2}=\lim_{x\to 0}\frac{(1-\cos x)(1+\cos x)}{x^2(1+\cos x)}=\lim_{x\to 0}\frac{\sin^2 x}{x^2(1+\cos x)}=\lim_{x\to 0}\left\{\left(\frac{\sin x}{x}\right)^2\frac{1}{(1+\cos x)}\right\}$

ところで，$x\to 0$ のとき，$\sin x\fallingdotseq x$ であることを考えれば推察できるように，

$$\lim_{x\to 0}\frac{\sin x}{x}=1$$

であることから，求める答えは，

$$\lim_{x\to 0}\frac{1-\cos x}{x^2}=\lim_{x\to 0}\left\{\left(\frac{\sin x}{x}\right)^2\frac{1}{(1+\cos x)}\right\}=\frac{1}{2}$$

となります.

【問題 1.21】極限値 $\lim_{x \to 0} (1 + \pi x)^{\frac{\pi}{x}}$ の値を求めなさい.

（労働基準監督官採用試験）

【解答】$\lim_{h \to 0} (1+h)^{\frac{1}{h}} = \lim_{x \to \infty} \left(1+\frac{1}{x}\right)^{x} = \lim_{x \to -\infty} \left(1+\frac{1}{x}\right)^{x} = e$ の定義式を利用する問題です.

　$\pi x = h$ とおけば，$x \to 0$ のときは $h \to 0$

したがって，求める答えは，

$$\lim_{x \to 0} (1 + \pi x)^{\frac{\pi}{x}} = \lim_{h \to 0} (1+h)^{\frac{\pi^2}{h}} = e^{\pi^2}$$

となります.

【問題 1.22［やや難］】数列 $\{a_n\}$ を，

$$a_n = \log_e \sqrt[3]{n+1} - \log_e \sqrt[3]{n} \qquad (n = 1,\ 2,\ \cdots)$$

で定めます. この時，$\lim_{n \to \infty} n a_{3n}$ を求めなさい.

（労働基準監督官採用試験）

【解答】a_n を変形すれば，

$$a_n = \log_e \sqrt[3]{n+1} - \log_e \sqrt[3]{n} = \log_e (n+1)^{\frac{1}{3}} - \log_e n^{\frac{1}{3}} = \log_e \left(\frac{n+1}{n}\right)^{\frac{1}{3}} = \log_e \left(1+\frac{1}{n}\right)^{\frac{1}{3}}$$

になります. 一方，

$$n a_{3n} = n \log_e \left(1+\frac{1}{3n}\right)^{\frac{1}{3}}$$

ですので，ここで $3n = t$ とおけば，

$$n a_{3n} = n \log_e \left(1+\frac{1}{3n}\right)^{\frac{1}{3}} = \frac{t}{3} \log_e \left(1+\frac{1}{t}\right)^{\frac{1}{3}} = \frac{1}{3} \times \frac{1}{3} \log_e \left(1+\frac{1}{t}\right)^{t}$$

$n \to \infty$ なら $t \to \infty$ となり，公式である

$$\log_e \left(1 + \frac{1}{t}\right)^t = e$$

を思い出せば，求める答えは，

$$\lim_{n \to \infty} na_{3n} = \lim_{t \to \infty} \lim_{n \to \infty} na_{3n} = \lim_{t \to \infty} \frac{1}{3} \times \frac{1}{3} \log_e \left(1 + \frac{1}{t}\right)^t = \frac{1}{9}$$

となります．

【問題 1.23】 地震の規模を表すマグニチュード M と地震のエネルギー E [erg]の間には，およそ次の関係が成り立ちます．

$$\log_{10} E = 11.8 + 1.5M$$

マグニチュード 7.7 の地震エネルギーを E_1 [erg]，マグニチュード 7.5 の地震エネルギーを E_2 [erg]とするとき，E_1 / E_2 を求めなさい．なお，erg とはエネルギーの単位です．また，必要に応じて以下の表（問題 1-23）を用いなさい．

表（問題 1-23）

X	1.0	2.0	3.0	4.0	5.0	6.0	7.0	8.0	9.0	10
$\log_{10} X$	0.00	0.30	0.48	0.60	0.70	0.78	0.84	0.90	0.95	1.00

（国家公務員 II 種試験）

【解答】与えられた条件から，

$$\log_{10} E_1 = 11.8 + 1.5 \times 7.7 = 23.35 \tag{a}$$
$$\log_{10} E_2 = 11.8 + 1.5 \times 7.5 = 23.05 \tag{b}$$

式(a)−式(b)から

$$\log_{10} E_1 - \log_{10} E_2 = 0.3 \quad ゆえに，\quad \log_{10} \frac{E_1}{E_2} = 0.3$$

したがって，表（問題 1-23）を利用すれば，

$$E_1 / E_2 = 2.0$$

であることがわかります．

【問題 1.24】 $9^{\log_3 2}$ はいくらか求めなさい.

(国家公務員一般職試験)

【解答】 $x = 9^{\log_3 2}$ と置けば,

$$\log_9 x = \log_9 9^{\log_3 2} = \log_3 2$$

ここで,底の変換公式を適用すれば,

$$\log_9 x = \frac{\log_3 x}{\log_3 9} = \frac{\log_3 x}{2} = \log_3 2 \quad \therefore \log_3 x = \log_3 2^2$$

したがって,求める答えは,

$$x = 4$$

となります.

【問題 1.25】 次の不等式を解きなさい.

$$\log_3(x-3) + \log_3(x+5) < 2$$

【解答】 真数は正なので,

$$x-3 > 0, \quad x+5 > 0$$

よって,

$$x > 3 \tag{a}$$

でないといけません.

もとの不等式から,

$$\log_3(x-3)(x+5) < \log_3 3^2$$

底は 3 で 1 より大きいことから,

$$(x-3)(x+5) < 3^2$$

整理して,

$$x^2 + 2x - 24 = (x+6)(x-4) < 0$$

よって,

$$-6 < x < 4 \tag{b}$$

式(a)と式(b)から,求める答えは

$$3 < x < 4$$

となります.

【問題 1.26】$\log_{10} 2 = 0.3010$，$\log_{10} 3 = 0.4771$ とするとき，12^{20} は何桁の整数か答えなさい．

【解答】 $\log_{10} 12^{20} = 20 \log_{10} 12 = 20 \log_{10}(2^2 \times 3) = 20(2 \log_{10} 2 + \log_{10} 3) = 21.5820$

ゆえに，

$$21 < \log_{10} 12^{20} < 22 \quad \text{すなわち，} \quad \log_{10} 10^{21} < \log_{10} 12^{20} < \log_{10} 10^{22}$$

よって，

$$10^{21} < 12^{20} < 10^{22}$$

$$(\because \ 10^0 = 1 \text{からわかるように} 10^{22} \text{は} 23 \text{桁})$$

したがって，求める答えは，

$$22 \text{桁の整数}$$

であることがわかります．

【問題 1.27】$\left(\dfrac{1}{3}\right)^{10}$ を小数で表すとき，初めて 0 でない数字が現れるのは小数第何位か求めなさい．ただし，$\log_{10} 3 = 0.4771$ とします．

（労働基準監督官採用試験）

【解答】 $\log_{10}\left(\dfrac{1}{3}\right)^{10} = 10 \log_{10} 1 - 10 \log_{10} 3 = -10 \times 0.4771 = -4.771$

ゆえに，$\left(\dfrac{1}{3}\right)^{10}$ は 10 を -4 乗した数なので，小数点以下 0 が 4 個並んだ後に何らかの数が出てきます．したがって，初めて 0 でない数字が現れるのは小数第 5 位であるといえます．

【問題 1.28】 関数 $f(x) = a\left(\dfrac{\log_2 10}{\log_{2x} 10}\right)^2 + b\log_2 x + 6$ （ $0 < x < \dfrac{1}{2}$ ，$\dfrac{1}{2} < x$ ）において，

$f\left(\dfrac{1}{4}\right) = f(2) = 12$ であるとき，定数 a ，b の値を求めなさい．

（国家公務員 II 種試験）

【解答】この問題で使用する公式は，

$$\log_a b = \frac{\log_c b}{\log_c a} \qquad \text{（底の変換公式）}{}^{1)}$$

$$\text{ただし，}\ b > 0,\ c > 0,\ c \neq 1$$

です．よって，

$$f\left(\frac{1}{4}\right) = a\left(\frac{\log_2 10}{\log_{1/2} 10}\right)^2 + b\log_2 \frac{1}{4} + 6 = a\left(\frac{\log_2 10}{\log_2 10 / \log_2 1/2}\right)^2 + b\log_2 \frac{1}{4} + 6$$

$$= a - 2b + 6 = 12 \tag{a}$$

$$f(2) = a\left(\frac{\log_2 10}{\log_4 10}\right)^2 + b\log_2 2 + 6 = a\left(\frac{\log_2 10}{\log_2 10 / \log_2 4}\right)^2 + b + 6$$

$$= 4a + b + 6 = 12 \tag{b}$$

したがって，式(a)と式(b)から，求める答えは

$$a = 2,\quad b = -2$$

となります．

---

1) 以下の値も求められるようになっておきましょう．

$$\log_{1/2} 32 = \log_{1/2} 2^5 = \log_{1/2}\left(\frac{1}{2}\right)^{-5} = -5$$

【問題 1.29】 $x > 0$, $y > 0$, $\log_4 y = (\log_2 x)^2$ であるとき, $\log_2 \dfrac{x}{y}$ の最大値を求めなさい.

（国家公務員一般職試験）

【解答】底の変換公式より,

$$\log_4 y = \frac{\log_2 y}{\log_2 4} = \frac{\log_2 y}{2}$$

と変形できますので,

$$\log_4 y = (\log_2 x)^2$$

に代入すれば,

$$\frac{\log_2 y}{2} = (\log_2 x)^2$$

また,

$$\log_2 \frac{x}{y} = \log_2 x - \log_2 y = \log_2 x - 2(\log_2 x)^2$$

と変形できますので, $\log_2 \dfrac{x}{y} = Y$, $\log_2 x = X$ と置けば,

$$Y = X - 2X^2 = -2\left\{\left(X - \frac{1}{4}\right)^2 - \frac{1}{16}\right\}$$

したがって, $X = \dfrac{1}{4}$ の時に, 最大値は,

$$Y = \log_2 \frac{x}{y} = \frac{1}{8}$$

となります.

　参考までに, 微分の極値問題（第 4 章を参照）と考えて,

$$Y = X - 2X^2$$

の両辺を X で微分すれば,

$$\frac{dY}{dX} = 1 - 4X = 0 \quad \therefore X = \frac{1}{4}$$

したがって, 求める答えは,

$$\log_2 \frac{x}{y} = X - 2X^2 = \frac{1}{4} - 2 \times \left(\frac{1}{4}\right)^2 = \frac{1}{8}$$

になるとしても構いません.

【問題 1.30 ［やや難］】　1 桁の数 a, b を用いて次のように表される 6 桁の数があり，13 と 17 のいずれでも割り切れるとき，a と b の和はどれか答えなさい．

$$26ab26$$

1. 8　　　2. 9　　　3. 10　　　4. 11　　　5. 12

（国家公務員 II 種試験［教養］）

【解答】 13 と 17 のいずれでも割り切れる数は，$13 \times 17 = 221$ でも割り切れます．そこで，260（$26a$ で $a=0$ とした値）$/221 = 1.176$ であることに留意して，$221 \times 1 \bigcirc\bigcirc 6$（6 になるのは，221 の 1 桁目が 1 だから）の計算をすれば，

$$221 \times 1176 = 259896 \quad (a と b の合計値は 17)$$
$$221 \times 1186 = 262106 \quad (a と b の合計値は 3)$$
$$221 \times 1196 = 264316 \quad (a と b の合計値は 7)$$
$$221 \times 1206 = 266526 \quad (a と b の合計値は 11)$$

したがって，$a=6$，$b=5$ で a と b の和は 11 となり，答えは 4 であることがわかります．

【問題 1.31】 252 の正の約数の総和を求めなさい．

（国家公務員一般職試験）

【解答】 252 を素因数分解する（整数を幾つかの素数の積で表す）と

$$252 = 2 \times 2 \times 3 \times 3 \times 7 = 2^2 \times 3^2 \times 7^1$$

ですので，

2^2 の約数（正の約数）：$2^0(=1)$，2^1，2^2 の 3 個

3^2 の約数（正の約数）：$3^0(=1)$，3^1，3^2 の 3 個

7^1 の約数（正の約数）：$7^0(=1)$，7^1 の 2 個

したがって，252 の約数の個数は，

$$3 \times 3 \times 2 = 18 個$$

となります．なお，正の整数 N を素因数分解して $N = a^l b^m c^n$ と表せるとき，N の正の約数の個数は

$$(\ell+1)(m+1)(n+1) \quad 個$$

で求められ，この公式を適用しても，

$$(\ell+1)(m+1)(n+1) = (2+1)(2+1)(1+1) = 18 個$$

と同じ結果が得られます．

一方，N の正の約数の総和は，

$$\left(1+a^1+\cdots+a^\ell\right)\left(1+b^1+\cdots+b^m\right)\left(1+c^1+\cdots+c^n\right)=\frac{a^{\ell+1}-1}{a-1}\times\frac{b^{m+1}-1}{b-1}\times\frac{c^{n+1}-1}{c-1}$$

の公式を適用すれば求めることができます．したがって，求める答えは，

$$\frac{a^{\ell+1}-1}{a-1}\times\frac{b^{m+1}-1}{b-1}\times\frac{c^{n+1}-1}{c-1}=\frac{2^{2+1}-1}{2-1}\times\frac{3^{2+1}-1}{3-1}\times\frac{7^{1+1}-1}{7-1}=7\times13\times8=728$$

となります．

【問題 1.32［やや難］】 方程式 $x^3-(4m+1)x^2+2(m+3)x+2(m-3)=0$ が異なる 3 つの正の解をもつために，定数 m が満たすべき必要十分条件はどれか答えなさい．

1. $-\dfrac{3}{2}<m<1$

2. $-\dfrac{3}{2}<m<-\dfrac{7}{6}$, $\ -\dfrac{7}{6}<m<1$

3. $-\dfrac{3}{2}<m<0$, $\ 0<m<1$

4. $1<m<3$

5. $1<m<\dfrac{7}{6}$, $\ \dfrac{7}{6}<m<3$

（国家公務員 I 種試験）

【解答】 与えられた方程式を m のついていない項と m のついている項に分ければ，

$$x^3-x^2+6x-6-m(4x^2-2x-2)=0 \tag{a}$$

前半の部分を

$$f(x)=x^3-x^2+6x-6 \tag{b}$$

とおけば，

$$f(1)=0$$

となることから，この式は $x-1$ で割り切れることがわかります．また，

$$(x-1)(ax^2+bx+c)=ax^3+(b-a)x^2+(c-b)x-c$$

と式(b)の係数を比較すれば，

$$a=1,\quad b=0,\quad c=6$$

ゆえに，式(a)は

$$(x-1)(x^2+6)-2m(x-1)(2x+1)=0$$

したがって，

$$(x-1)\left\{x^2 - 4mx + 6 - 2m\right\} = 0$$

もとの 3 次方程式が異なる 3 つの正の解を持つためには，

$$x^2 - 4mx + 6 - 2m = 0 \tag{c}$$

が $x = 1$ 以外の正の解を持てばよいことがわかります．それゆえ，判別式から

$$D = (-4m)^2 - 4 \times 1 \times (6 - 2m) = 8(2m^2 + m - 3) = 8(m-1)(2m+3) > 0$$

よって，

$$m < -\frac{3}{2} \quad \text{または，} \quad m > 1 \tag{d}$$

また，式(c)の 2 次方程式における 2 つの正の解を α，β とすれば，解と係数の関係より，

$$\alpha + \beta = -\frac{-4m}{1} = 4m > 0 \quad \text{ゆえに，} \quad m > 0 \tag{e}$$

$$\alpha\beta = \frac{6 - 2m}{1} > 0 \quad \text{ゆえに，} \quad m < 3 \tag{f}$$

ただし，式(c)の 2 次方程式の解は $x = 1$ になってはいけないので，

$$x^2 - 4mx + 6 - 2m = 1^2 - 4m \times 1 + 6 - 2m = -6m + 7 \neq 0$$

ゆえに，

$$m \neq \frac{7}{6} \tag{g}$$

以上より，解図（問題 1-32）を参照すれば，

$$1 < m < \frac{7}{6}, \quad \frac{7}{6} < m < 3$$

よって，求める答えは 5 となります[2]．

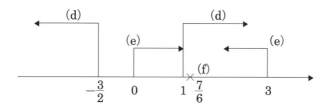

解図（問題 1-32）

---

2) 問題で与えられた 3 次方程式において正の 3 つの解を α，β，γ とすれば，解と係数の関係より，

$$\alpha\beta\gamma = -\frac{d}{a} = -\frac{2(m-3)}{1} = 6 - 2m > 0 \quad (\text{なぜなら，} \alpha > 0, \beta > 0, \gamma > 0)$$

ゆえに，

$$m < 3$$

となります．この条件を満足する解答は 4 と 5 だけであり，また，重解を持たないための条件表示（本文中に示した $1 < m < \frac{7}{6}$, $\frac{7}{6} < m < 3$）を知っていれば，たちどころに正解は 5 であることがわかります．

【問題 1.33】 a を実数とします．x についての方程式 $x^3 - 6x^2 + 9x + 24 - a = 0$ が異なる 3つの実数解を持つような a の範囲を求めなさい．

（労働基準監督官採用試験）

【解答】解図（問題 1-33）は一例として描いた

$$y = x^3 - 3x$$

の関数ですが，これから $f(x) = 0$ が異なる 3 つの実数解を持つには，

(1) $f'(x) = 0$ が異なる実数解 $x = s, t \ (s < t)$ を持ち，

(2) $f(s) > 0$，$f(t) < 0$ であればよい

ことがわかると思います．

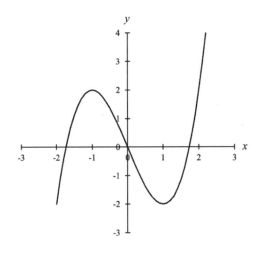

解図（問題 1-33）

そこで，

$$f(x) = x^3 - 6x^2 + 9x + 24 - a$$

と置いて微分すれば，

$$f'(x) = 3x^2 - 12x + 9 = 3(x-3)(x-1) = 0 \quad \therefore x = 3, 1$$

$x = 3$ と $x = 1$ を与えられた関数に代入すれば，

$$f(3) = 27 - 54 + 27 + 24 - a < 0 \quad \therefore 24 < a$$

$$f(1) = 1 - 6 + 9 + 24 - a > 0 \quad \therefore 28 > a$$

したがって，求める答えは，

$$24 < a < 28$$

となります．

【**問題 1.34**】実数 x, y が次の 5 つの不等式を満たすとき，$x+y$ の最小値および最大値を求めなさい．

$$x \geqq 0$$
$$y \geqq 0$$
$$2x + 3y \geqq 6$$
$$2x + y \leqq 8$$
$$4x + 5y \leqq 20$$

（国家公務員総合職試験[大卒程度試験]）

【**解答**】まず，$k = x + y$ と置きます．次に，

$$2x + 3y \geqq 6 \text{ を変形すれば } y \geqq -\frac{2}{3}x + 2 \tag{a}$$

$$2x + y \leqq 8 \text{ を変形すれば } y \leqq -2x + 8 \tag{b}$$

$$4x + 5y \leqq 20 \text{ を変形すれば } y \leqq -\frac{4}{5}x + 4 \tag{c}$$

式(a), (b), (c)を描けば解図（問題 1-34）のようになります．$x \geqq 0$ であることから，$k = x + y$ の最小値は 2 となります．また，式(b)と式(c)の交点は $(10/3, 4/3)$ であることから，囲まれた領域での頂点の値を代入すれば，$k = x + y$ の最大値は，

$$k = x + y = \frac{10}{3} + \frac{4}{3} = \frac{14}{3}$$

（$x = 0$，$y = 0$ を代入した値である $k = 0 + 4 = 4$ より大きい）

であることがわかります．

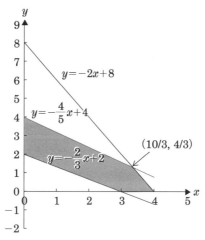

解図（問題 1-34）

【問題 1. 35】 $\tan\theta = 3$ のとき，$\dfrac{2}{1+\sin\theta}+\dfrac{2}{1-\sin\theta}$ の値を求めなさい．

（国家公務員一般職試験）

【解答】 $\dfrac{2}{1+\sin\theta}+\dfrac{2}{1-\sin\theta}$ を変形すれば，

$$\frac{2}{1+\sin\theta}+\frac{2}{1-\sin\theta}=\frac{2(1-\sin\theta)}{(1+\sin\theta)(1-\sin\theta)}+\frac{2(1+\sin\theta)}{(1+\sin\theta)(1-\sin\theta)}=\frac{4}{1-\sin^2\theta}=\frac{4}{\cos^2\theta}$$

ところで，$\tan\theta = \dfrac{\sin\theta}{\cos\theta}=3$ と $\sin^2\theta + \cos^2\theta = 1$ より

$$10\cos^2\theta = 1 \quad \therefore \cos^2\theta = 0.1$$

なので，求める答えは，

$$\frac{4}{\cos^2\theta}=\frac{4}{0.1}=40$$

となります．

【問題 1. 36】 $\sin\theta + \cos\theta = a$（$a$ は定数）のとき，$\sin\theta\cos\theta$ および $\sin\theta - \cos\theta$ を求めなさい．ただし，$0 < \theta < \pi/4$ とします．

（国家公務員一般職試験）

【解答】 $\sin\theta + \cos\theta = a$ の両辺を 2 乗すれば，

$$(\sin\theta + \cos\theta)^2 = \sin^2\theta + \cos^2\theta + 2\sin\theta\cos\theta = 1 + 2\sin\theta\cos\theta = a^2$$

$$\therefore \sin\theta\cos\theta = \frac{a^2 - 1}{2}$$

$\sin\theta - \cos\theta = a$ の両辺を 2 乗すれば，

$$(\sin\theta - \cos\theta)^2 = \sin^2\theta + \cos^2\theta - 2\sin\theta\cos\theta = 1 - 2\times\frac{a^2 - 1}{2} = 2 - a^2$$

$$\therefore \sin\theta - \cos\theta = \pm\sqrt{2 - a^2}$$

ただし，$0 < \theta < \pi/4$ では $\cos\theta > \sin\theta$ なので，

$$\sin\theta - \cos\theta = -\sqrt{2 - a^2}$$

となります．

【問題 1.37】三角関数に関する次の記述の[ア]，[イ]にあてはまるものの組み合わせとして最も妥当なものを答えなさい．

「三角関数の加法定理より，　$\sin(\alpha + \beta) = $ [ア] が成り立つ．これを用いると，

$\cos 45° \sin 75° = $ [イ] と計算できる」

	[ア]	[イ]
1.	$\sin\alpha\cos\beta - \cos\alpha\sin\beta$	$\dfrac{2\sqrt{3}-1}{6}$
2.	$\sin\alpha\cos\beta - \cos\alpha\sin\beta$	$\dfrac{\sqrt{2}+1}{4}$
3.	$\sin\alpha\cos\beta + \cos\alpha\sin\beta$	$\dfrac{2\sqrt{3}-1}{6}$
4.	$\sin\alpha\cos\beta + \cos\alpha\sin\beta$	$\dfrac{\sqrt{2}+1}{4}$
5.	$\sin\alpha\cos\beta + \cos\alpha\sin\beta$	$\dfrac{\sqrt{3}+1}{4}$

(国家公務員一般職試験)

【解答】三角関数の加法定理は

$$\sin(\alpha + \beta) = \sin\alpha\cos\beta + \cos\alpha\sin\beta \qquad ([ア]の答え)$$

です．これを用いると，

$$\sin 75° = \sin(45° + 30°) = \sin 45°\cos 30° + \cos 45°\sin 30° = \frac{1}{\sqrt{2}} \times \frac{\sqrt{3}}{2} + \frac{1}{\sqrt{2}} \times \frac{1}{2} = \frac{\sqrt{3}+1}{2\sqrt{2}}$$

ところで，　$\cos 45° = \dfrac{1}{\sqrt{2}}$ なので，

$$\cos 45° \sin 75° = \frac{\sqrt{3}+1}{4} \qquad ([イ]の答え)$$

したがって，正解は 5 となります．

【問題 1.38】 A，B，C に関する連立方程式

$$\begin{cases} \sin A - \sin B + \sin C = 0 \\[2mm] \cos A + \cos B + \cos C = 0 \end{cases}$$

が成り立つとき，$\cos(A+B)$ の値を求めなさい．

（労働基準監督官採用試験）

【解答】加法定理より，$\cos(A+B)$ は，

$$\cos(A+B) = \cos A \cos B - \sin A \sin B \qquad \text{(a)}$$

ところで，問題文には与えられていませんが，三角関数では

$$\sin^2 A + \cos^2 A = 1, \quad \sin^2 B + \cos^2 B = 1, \quad \sin^2 C + \cos^2 C = 1$$

の関係は常に成立します．そこで，$\sin^2 C + \cos^2 C = 1$ に，与えられた連立方程式の，

$$\sin C = -\sin A + \sin B$$
$$\cos C = -\cos A - \cos B$$

を代入して整理すれば，

$$\sin^2 B - 2\sin B \sin A + \sin^2 A + \cos^2 A + 2\cos A \cos B + \cos^2 B = 1$$

ゆえに，

$$2\cos(A+B) = -1$$

したがって，求める答えは，

$$\cos(A+B) = -\frac{1}{2}$$

となります．

【問題 1.39】2 次方程式 $x^2-(3a-1)x-a=0$ の 2 つの解が $\sin\theta$, $\cos\theta$ （$0\leqq\theta<2\pi$）であるとき，正の定数 a の値を解答群から選びなさい．

1. $\dfrac{1}{3}$　　2. $\dfrac{4}{9}$　　3. $\dfrac{8}{9}$　　4. $\dfrac{10}{9}$　　5. $\dfrac{4}{3}$

（国家公務員一般職試験）

【解答】2 つの解 $\sin\theta$, $\cos\theta$ をそれぞれ 2 次方程式に代入すれば，
$$\sin\theta^2-(3a-1)\sin\theta-a=0 \tag{a}$$
$$\cos\theta^2-(3a-1)\cos\theta-a=0 \tag{b}$$
式(a)+式(b)は，
$$\left(\sin\theta^2+\cos\theta^2\right)-(3a-1)\left(\sin\theta+\cos\theta\right)-2a=0$$
$\sin\theta^2+\cos\theta^2=1$ なので，上式は，
$$\sin\theta+\cos\theta=\frac{1-2a}{3a-1}\qquad（ただし，\quad a\neq 1/3） \tag{c}$$
式(a)−式(b)は，
$$\sin\theta^2-\cos\theta^2-(3a-1)\sin\theta+(3a-1)\cos\theta=0$$
整理して，
$$(\sin\theta+\cos\theta)(\sin\theta-\cos\theta)-(3a-1)(\sin\theta-\cos\theta)=0$$
$$\therefore\ \sin\theta+\cos\theta=3a-1 \tag{d}$$
式(c)と式(d)から，
$$\frac{1-2a}{3a-1}=3a-1\quad\therefore\ a(9a-4)=0$$
a は正の定数なので，
$$a=\frac{4}{9}$$
したがって，求める答えは 2 となります．

　なお，この問題は，**2 次方程式の解と係数の関係**を用いても求まります．すなわち，
$$\sin\theta+\cos\theta=3a-1 \tag{e}$$
$$\sin\theta\times\cos\theta=-a \tag{f}$$
において，式(e)の両辺を 2 乗すれば，
$$\sin^2\theta+2\sin\theta\cos\theta+\cos^2\theta=(3a-1)^2$$
$$\therefore\ 1+2\sin\theta\cos\theta=(3a-1)^2 \tag{g}$$
式(g)に式(f)を代入すれば，
$$1-2a=(3a-1)^2\quad\therefore\ a(9a-4)=0$$
よって，$a=\dfrac{4}{9}$ が得られます．

【問題 1.40】等式 $7\sin\theta = 3\cos2\theta$ （$0 \leqq \theta < 2\pi$）を満たす θ のうち最大のものを α とおきます．このときの $\cos\alpha$ の値を求めなさい．

（国家公務員一般職試験）

【解答】 $\cos2\theta$ は

$$\cos2\theta = 2\cos^2\theta - 1$$

なので，

$$7\sin\theta = 3\cos2\theta = 3(2\cos^2\theta - 1)$$

$\sin^2\theta + \cos^2\theta = 1$ の関係式を用いて変形すれば，

$$6\sin^2\theta + 7\sin\theta - 3 = 0 \quad \therefore (3\sin\theta - 1)(2\sin\theta + 3) = 0$$

ゆえに，

$$\sin\theta = \sin\alpha = \frac{1}{3}$$

$$(\because \sin\theta = -3/2 \text{ となるので } 0 \leqq \theta < 2\pi \text{ の条件に不適格})$$

$\sin^2\alpha + \cos^2\alpha = 1$ の関係式に代入すれば，

$$\cos\alpha = \pm\frac{2\sqrt{2}}{3}$$

ここで，解図（問題 1-40）を参照すればわかるように，大きい方の α は第 2 象限にありますので，求める答えは，

$$\cos\alpha = -\frac{2\sqrt{2}}{3}$$

となります．

　問題文をしっかり読んでいると正解にたどり着けると思いますが，うっかりして正解を

$$\cos\alpha = \frac{2\sqrt{2}}{3}$$

としないように注意することが大切です．

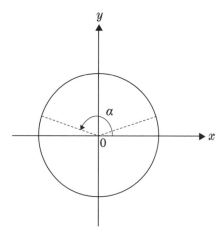

解図（問題 1-40）

【問題 1. 41】座標平面上の 2 直線 $y=-4x+4$ と $y=ax+1$ のなす角が $\pi/4$ となる定数 a の値をすべて挙げなさい.

（労働基準監督官採用試験）

【解答】2 つの直線 $y=-4x+4$ と $y=ax+1$ の傾きはそれぞれ -4 と a です. ところで, 直線を平行移動してもなす角は変わりませんので, 原点を通る 2 直線を考えても構いません. 一方, **タンジェントの加法定理**は,

$$\tan(m_1-m_2)=\frac{\tan m_1-\tan m_2}{1+\tan m_1\tan m_2}$$

であり, 解図（問題 1-41）を参照すれば,

$$\tan(m_1-m_2)=\tan(-4-a)=\frac{-4-a}{1+(-4)\times a}=\tan 45°=1 \quad \therefore a=\frac{5}{3}$$

また,

$$\tan(m_1-m_2)=\tan\{a-(-4)\}=\frac{a-(-4)}{1+a\times(-4)}=\tan 45°=1 \quad \therefore a=-\frac{3}{5}$$

したがって, 求める答えは,

$$a=\frac{5}{3},-\frac{3}{5}$$

となります.

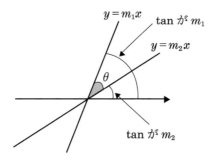

解図（問題 1-41）

【問題1.42】座標平面上の2つの直線 $y=4x+1$ と $y=\dfrac{4}{3}x-\dfrac{1}{3}$ のなす角度を $\theta\,(0<\theta<\pi/2)$ とするとき，$\tan\theta$ を求めなさい.

（労働基準監督官採用試験）

【解答】 解図（問題 1-42）において $m_1 \times m_2 \neq -1$ とすれば，

$$m_1 = \tan\theta_1, \quad m_2 = \tan\theta_2$$

なので，

$$\tan\theta = \tan(\theta_2 - \theta_1) = \frac{\sin(\theta_2 - \theta_1)}{\cos(\theta_2 - \theta_1)} = \frac{\sin\theta_2 \cos\theta_1 - \cos\theta_2 \sin\theta_1}{\cos\theta_2 \cos\theta_1 + \sin\theta_2 \sin\theta_1} = \frac{\tan\theta_2 - \tan\theta_1}{1 + \tan\theta_2 \tan\theta_1}$$

となります．与えられた問題では，

$$m_2 = 4, \quad m_1 = \frac{4}{3}$$

ですので，求める答えは，

$$\tan\theta = \frac{\tan\theta_2 - \tan\theta_1}{1 + \tan\theta_2 \tan\theta_1} = \frac{4 - \dfrac{4}{3}}{1 + 4 \times \dfrac{4}{3}} = \frac{8}{19}$$

となります.

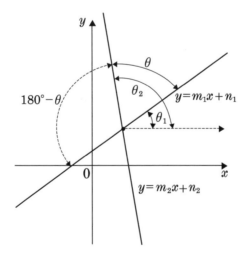

解図（問題 1-42）

【問題 1.43】 a と b は，互いに異なる 1 桁の正の整数です． a 進法で $34_{(a)}$ の数と 8 進法で $45_{(8)}$ の数の和が b 進法で表された $65_{(b)}$ だとすると，10 進法では $2a+b$ はいくつになるか，次の解答群から選びなさい．

1. 20　　　　2. 21　　　　3. 22　　　　4. 23　　　　5. 24

（国家公務員 II 種試験[教養]）

【解答】 a 進法で $34_{(a)}$ の数を 10 進法で表すと

$$34_{(a)} = 3 \times a^{2-1} + 4 \times a^{1-1} = 3 \times a^1 + 4 \times a^0 = 3a + 4$$

8 進法で $45_{(8)}$ の数を 10 進法で表すと

$$45_{(8)} = 4 \times 8^{2-1} + 5 \times 8^{1-1} = 4 \times 8^1 + 5 \times 8^0 = 32 + 5 = 37$$

b 進法で表された $65_{(b)}$ の数を 10 進法で表すと

$$65_{(b)} = 6 \times b^{2-1} + 5 \times b^{1-1} = 6 \times b^1 + 5 \times b^0 = 6b + 5$$

よって，題意より，

$$(3a+4) + 37 = 6b + 5 \quad ゆえに，\quad a = 2b - 12$$

ところで，$a > 0$ なので，

$$a = 2b - 12 > 0 \text{ より } b > 6$$

ただし，b は 1 桁の正の整数なので，

$$b = 7，8，9 でこれに対応する a の値は a = 2，4，6$$

$2a+b$ を計算すれば，

$$2a + b = 11 \text{ or } 16 \text{ or } 21$$

したがって，正解は 2 であることがわかります．

第2章

直線と図形の方程式

●2点間の距離

図2-1のように，$A(x_1, y_1)$，$B(x_2, y_2)$のとき，2点間の距離 $\overline{AB}$ は，

$$\overline{AB} = d = \sqrt{(x_1 - x_2)^2 + (y_1 - y_2)^2}$$

で求まります．

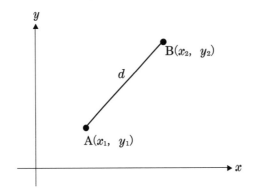

図 2-1　2 点間の距離

●直　線

（1）1点と傾きが与えられた場合の方程式

点 (x_1, y_1) を通る直線の傾き m は $m = \dfrac{y - y_1}{x - x_1}$ ですので，

傾き m の直線の方程式は，図2-2のように，

$$y - y_1 = m(x - x_1)$$

で与えられます．

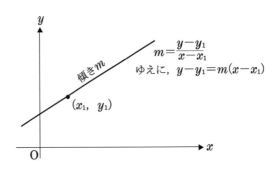

図 2-2　直線の方程式

(2) 直線の一般形

直線の一般形は，次式で与えられます．

$$ax + by + c = 0 \qquad （ただし，\ a \neq 0,\ b \neq 0）$$

(3) 2 直線の平行条件と垂直条件

2 つの直線 $a_1x + b_1y + c_1 = 0$ と $a_2x + b_2y + c_2 = 0$ において，平行条件と垂直条件は，図 2-3 に示すように，以下のようになります．

①平行条件は，傾きが等しいという条件から，

$$-\frac{a_1}{b_1} = -\frac{a_2}{b_2} \quad よって，\ a_1b_2 - a_2b_1 = 0 \quad （たすき掛けの差）$$

②垂直条件は，2 つの直線の傾きを m_1，m_2 とすれば，$m_1 \times m_2 = -1$ なので，

$$\left(-\frac{a_1}{b_1}\right) \times \left(-\frac{a_2}{b_2}\right) = -1 \quad よって，\ a_1a_2 + b_1b_2 = 0$$

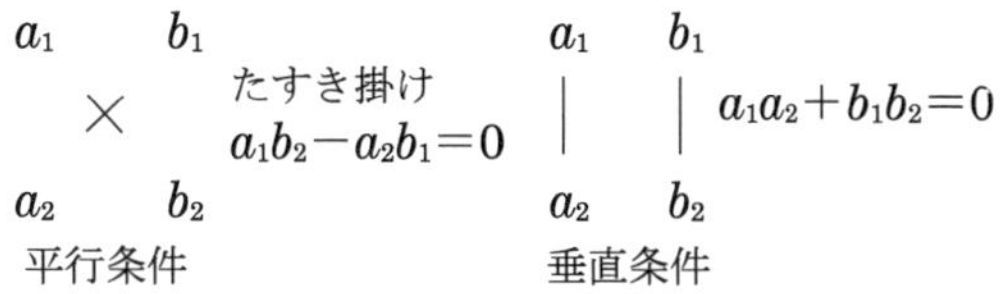

$$
\begin{array}{cc}
a_1 & b_1 \\
\times & \\
a_2 & b_2
\end{array}
\quad
\begin{array}{l}
\text{たすき掛け} \\
a_1b_2 - a_2b_1 = 0
\end{array}
\qquad
\begin{array}{cc}
a_1 & b_1 \\
\mid & \mid \\
a_2 & b_2
\end{array}
\quad a_1a_2 + b_1b_2 = 0
$$

平行条件　　　　　　　　垂直条件

図 2-3　2 直線の平行条件と垂直条件

ちなみに，点 (p, q) を通り，直線 $ax + by + c = 0$ に

平行な直線の方程式：$a(x - p) + b(y - q) + c = 0$

垂直な直線の方程式：$b(x - p) - a(y - q) + c = 0$

となります．

(4) 2 直線の交点を通る直線

図 2-4 に示すように，2 つの直線 $ax + by + c = 0$ と $a'x + b'y + c' = 0$ の交点を通る直線の方程式は，

$$ax + by + c + k(a'x + b'y + c') = 0 \quad （k は 0 でない任意の定数）$$

で与えられます．

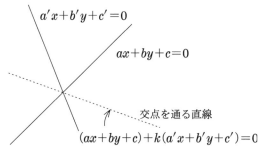

図 2-4　2 直線の交点を通る直線

(5) 点と直線の距離

図 2-5 において，点 (x_1, y_1) と直線 $ax + by + c = 0$ の距離 d は，

$$d = \frac{\left| ax_1 + by_1 + c \right|}{\sqrt{a^2 + b^2}}$$

で求まります．

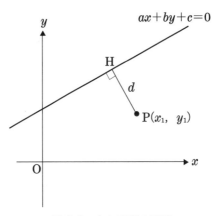

図 2-5　点と直線の距離

●平　面

(1) 平面の方程式（一般形）

平面の方程式は，

$$ax + by + cz + d = 0 \qquad （一般形）$$

と表すことができます．

(2) 点と平面の距離

図 2-6 において，点 (x_1, y_1, z_1) と平面 $ax + by + cz + d = 0$ の距離 L は，

$$L = \frac{\left| ax_1 + by_1 + cz_1 + d \right|}{\sqrt{a^2 + b^2 + c^2}}$$

で求まります．

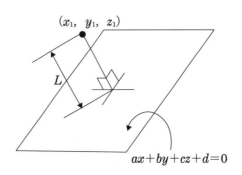

図 2-6　点と平面の距離

●三角形

（1）三平方の定理（ピタゴラスの定理）

図 2-7 のように，直角三角形の斜辺の長さを c とし，その他の辺の長さを a，b としたとき，

$$a^2 + b^2 = c^2$$

の関係が成立します．

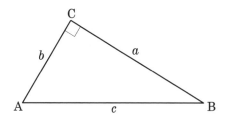

図 2-7　三平方の定理（ピタゴラスの定理）

（2）正弦定理・余弦定理・面積

図 2-8 に示すように，△ABC の外接円の半径を R とすれば，正弦定理と余弦定理ならびに面積の算定式はそれぞれ次のように表されます．

正弦定理：　$\dfrac{a}{\sin A} = \dfrac{b}{\sin B} = \dfrac{c}{\sin C} = 2R$

余弦定理：　$a^2 = b^2 + c^2 - 2bc\cos A$

△ABC の面積 S：　$S = \dfrac{1}{2}bc\sin A = \dfrac{1}{2}ca\sin B = \dfrac{1}{2}ab\sin C$

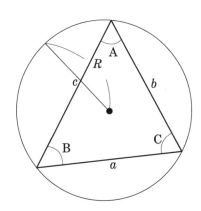

図 2-8　△ABC の外接円

（3）ヘロンの公式

三角形の面積 S は $S = \dfrac{(\text{底辺}) \times (\text{高さ})}{2}$ で求められますが，図 2-9 のように三辺の長さ a，b，c がわかれば，以下の**ヘロンの公式**を適用しても求めることができます．

$$S = \sqrt{s(s-a)(s-b)(s-c)} \qquad (ここに, \quad s = \frac{a+b+c}{2})$$

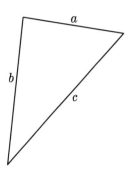

図 2-9　三辺の長さ a, b, c（ヘロンの公式）

(4) 三角形の角の二等分線に関する公式 1

△ABC で∠A の二等分線と BC の交点を D とするとき，

$$AB : AC = BD : DC$$

の関係が成立します.

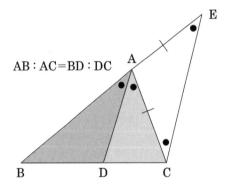

AB : AC=BD : DC

図 2-10　三角形の角の二等分線に関する公式 1

(5) 三角形の角の二等分線に関する公式 2

△ABC で∠A の外角の二等分線と BC の延長線との交点を D とするとき，

$$AB : AC = BD : DC$$

の関係が成立します.

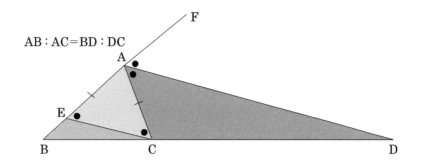

図 2-11　三角形の角の二等分線に関する公式 2

●円

(1)　円の方程式

図 2-12 に示すように，円の方程式の基本形は，以下のように表されます．

$$(x-a)^2 + (y-b)^2 = r^2$$

ここに，円の中心座標は (a, b)，半径は r です．

ちなみに，円の方程式の一般形は，

$$x^2 + y^2 + \ell x + my + n = 0$$

となります．

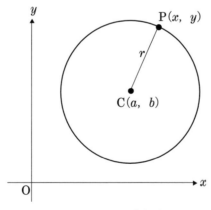

図 2-12　円の方程式

(2) 円上の点 (x_1, y_1) における接線の方程式

図 2-13 に示すように，円 $x^2 + y^2 = r^2$ 上の点 (x_1, y_1) における接線の方程式は，

$$x_1 x + y_1 y = r^2$$

で与えられます．

ちなみに，一般的な円 $(x-a)^2 + (y-b)^2 = r^2$ 上の点 (x_1, y_1) における接線の方程式は，

$$(x_1 - a)(x - a) + (y_1 - b)(y - b) = r^2$$

です．

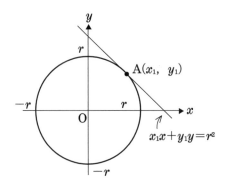

図 2-13　円上の点における接線の方程式

(3) 2 円の共有点を通る円の方程式

異なる 2 円 $x^2 + y^2 + ax + by + c = 0$ と $x^2 + y^2 + a'x + b'y + c' = 0$ が共有点を持つとき，k を 0 でない任意定数とすれば，

$$x^2 + y^2 + ax + by + c + k(x^2 + y^2 + a'x + b'y + c') = 0$$

は，図 2-14 に示すように，その共有点を通る円（$k = -1$ のときは直線）を表します．

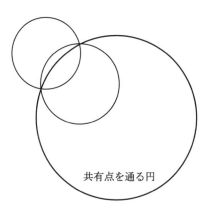

共有点を通る円

図 2-14　2 円の共有点を通る円の方程式

（4）三角形に内接する円の半径を求める公式

三角形に内接する円の半径 r は，

$$r = \frac{2S}{a+b+c}$$

で求まります．

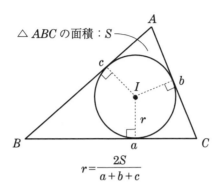

△ABC の面積：S

$$r = \frac{2S}{a+b+c}$$

図 2-15　三角形に内接する円の半径を求める公式

●扇　形

図 2-16 において，半径 r，中心角 θ の弧の長さ ℓ と扇形の面積 S は，

$$\ell = r\theta$$

$$S = \pi r^2 \times \frac{r\theta}{2\pi r} = \frac{1}{2}r^2\theta$$

（ただし，θ はラジアン）

で求まります．ちなみに，θ の単位を"度"とした場合には，

$$\ell = 2\pi r \times \frac{\theta}{360}$$

$$S = \pi r^2 \times \frac{\theta}{360}$$

となります．

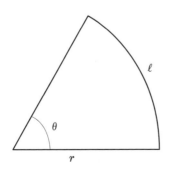

図 2-16　扇　形

●楕円と双曲線

(1) 楕円の方程式

図 2-17 に示す楕円の方程式は，以下のように表されます．

$$\frac{x^2}{a^2} + \frac{y^2}{b^2} = 1$$

ここに，長径の長さは$2a$，短径の長さは$2b$で，焦点の座標は$(\pm\sqrt{a^2 - b^2}, 0)$です．

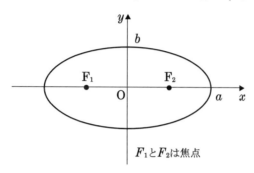

図 2-17　楕　円

(2) 楕円の面積

楕円の面積Sは，

$$S = \pi a b$$

で求まります．

(3) 双曲線の方程式

図 2-18 に示すように，x軸との交点が$(\pm a, 0)$，漸近線が$y = \pm\dfrac{b}{a}x$である双曲線の方程式は，以下のように表されます．

$$\frac{x^2}{a^2} - \frac{y^2}{b^2} = 1$$

ここに，焦点の座標は$(\pm\sqrt{a^2 + b^2}, 0)$です．

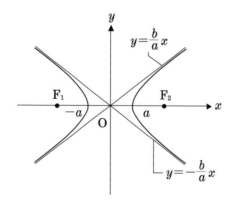

図 2-18　双曲線

●球

(1) 球の方程式

球の方程式は，以下のように表されます.

$$(x-a)^2 + (y-b)^2 + (z-c)^2 = r^2$$

ここに，球の中心座標は(a, b, c)，半径はrです.

(2) 球の体積と表面積

球の半径をrとすれば，体積Vは，図 2-19 に示すように，

$$V = \frac{4}{3}\pi \times r^3$$

「"身(3)の上(/)に心(4)配(π)ある(r)参上(3 乗)"と覚える」

で求められます.

また，球の表面積Sは，

$$S = 4\pi \times r^2 \quad [1]$$

「"心(4)配(π)ある(r)事情(2 乗)"と覚える」

で求められます.

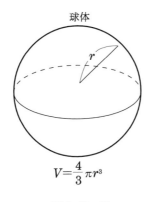

球体

$$V = \frac{4}{3}\pi r^3$$

図 2-19　球

●円柱と円すい

円柱と円すいの体積は，図 2-20 に示すように，

①円柱の体積V：V＝底面積×高さ

②円すいの体積V：V＝底面積×高さ／3

で求められます.

---

1) 球の表面積Sを求める公式をrで積分すれば，$\displaystyle\int_0^r 4\pi r^2 dr = \frac{4}{3}\pi r^3$となり，球の体積$V$を求める公式と一致します.

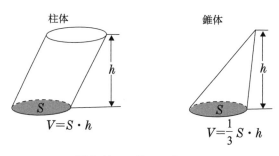

図 2-20 円柱と円すい

【問題 2.1】 図（問題 2-1）のように点 P を通る 2 直線と円の交点 A, B, C, D において，AB＝5，CD＝2，PB＝3 のとき，PD の長さを求めなさい.

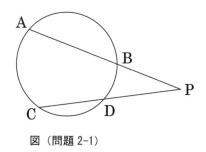

図（問題 2-1）

（国家公務員一般職試験）

【解答】 解図 1（問題 2-1）において，△APC と △DPB は 2 組の角度が等しいので相似です．ゆえに，

PC : PA＝ PB : PD より

$$2+x \ : \ 8 \ = 3 \ : \ x \qquad \therefore x(2+x) = 24$$

したがって，

$$x^2 + 2x - 24 = (x+6)(x-4) = 0$$

を解けば，求める答えは，$x = 4$ となります.

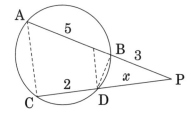

解図 1（問題 2-1）

　なお，解図 2（問題 2-1）に示すように，直角三角形 ABC において，直角部分の頂点 A から対辺へ垂線を下ろし，その足を点 D とします．ここでできた 3 つの直角三角形は，対応する 2 角がそれぞれ等しく相似になることも覚えておいた方がよいでしょう．

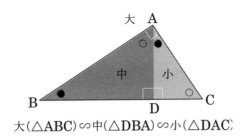

$$大（\triangle ABC）\backsim 中（\triangle DBA）\backsim 小（\triangle DAC）$$

解図 2（問題 2-1）

【問題 2.2】 図（問題 2-2）において，線分 AR，RC の長さはそれぞれ 3，2 となっています．また，線分 AQ は△ABC の頂点 A における外角の二等分線であり，線分 PC と線分 AQ は平行になっています．このとき，線分 AB の長さを求めなさい．

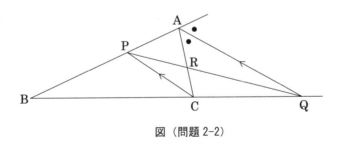

図（問題 2-2）

（国家公務員一般職試験）

【解答】 AB の長さを x とおきます．**三角形の角の二等分線に関する公式**より，
$$AB : AC = BQ : CQ$$
ここで，AC の長さは 3+2=5 なので，
$$\frac{x}{5} = \frac{BQ}{CQ} \tag{a}$$
ところで，△RCP と△RAQ は相似なので，AQ : PC=3 : 2 となります．また，△BPC と△BAQ は相似なので，
$$BQ : BC = 3 : 2, \quad BQ : CQ = 3 : 1$$
$$\therefore \frac{BQ}{CQ} = 3 \tag{b}$$

したがって，式(a)と式(b)より，AB の長さ x は

$$x = 15$$

となります．

【問題2.3】図（問題2-3）のように，△ABC，△DEF および直線 BF 上の線分 CE に接する円の半径 r を，L を用いて表しなさい．ただし，AB：BC：CA＝4：3：5，DE：EF：FD＝5：3：4 とし，CE の長さを L とします．

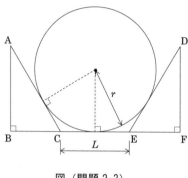

図（問題2-3）

（国家公務員一般職試験）

【解答】解図（問題2-3）において，△DEF と△EIG は相似です．さらに，△EIG と△OHG は2組の角度が等しいので相似です．したがって，

$$OG：OH = r + x：r = 5：3 \quad \therefore x = \frac{2}{3}r$$

また，

$$IE：IG = 3：4 = \frac{L}{2}：\frac{2}{3}r$$

より，答えは $r = L$ となります．

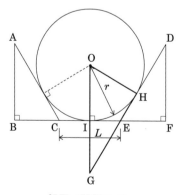

解図（問題2-3）

【問題 2.4】楕円 $2x^2 + y^2 = 2$ と直線 $y = kx - 2$ が 2 点で交わるとき，定数 k（実数）のとりうる値の範囲を求めなさい.

（労働基準監督官採用試験）

【解答】$2x^2 + y^2 = 2$ と $y = kx - 2$ から y を消去すれば，

$$2x^2 + (kx - 2)^2 = 2 \quad \text{すなわち，} \quad (2 + k^2)x^2 - 4kx + 2 = 0 \tag{a}$$

2 点で交わる（式(a)が相異なる実数解を持つ）ためには，**判別式 D** が

$$D(= b^2 - 4ac) = (-4k)^2 - 4(2 + k^2) \times 2 = 8k^2 - 16 = 8(k^2 - 2) > 0$$

でないといけません. すなわち，

$$k^2 > 2$$

したがって，求める答えは

$$k > \sqrt{2}, \quad k < -\sqrt{2}$$

となります.

【問題 2.5】xy 平面上に点 A $(2, -\sqrt{3})$ を中心とする円があります. 図（問題 2-5）のように，A を通り x 軸に平行な直線と y 軸との交点を B，y 軸と円の交点の一方を C とすると，OB : OC＝1 : 1 でした. このとき. 斜線部分の面積を求めなさい.

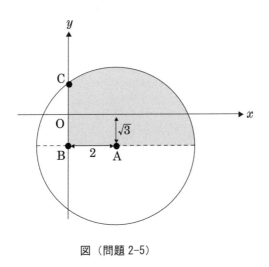

図（問題 2-5）

（国家公務員 II 種試験）

【解答】題意より，B の座標は $(0, -\sqrt{3})$，C の座標は $(0, \sqrt{3})$ であることがわかります.

したがって，**三平方の定理（ピタゴラスの定理）**より，

$$AC=\sqrt{(2\sqrt{3})^2+2^2}=4$$

そこで，斜線部分を解図（問題 2-5）のように分解すれば，

斜線部分の面積＝三角形 ABC の面積＋扇形の面積

$$=2\times2\sqrt{3}/2+\pi\times4^2\times\frac{2}{3}\pi/2\pi=2\sqrt{3}+\frac{16}{3}\pi$$

と求まります．

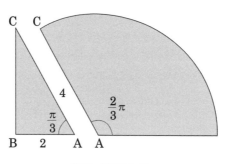

解図（問題 2-5）

【問題 2.6】 xy 平面上において，$x^2-2\sqrt{3}x+y^2-2y+3\leqq0$，$x-\sqrt{3}y\leqq0$，$x\geqq\sqrt{3}$ で表される，円と直線で囲まれた領域の面積を求めなさい．

（労働基準監督官採用試験［教養］）

【解答】問題文に，「円と直線で囲まれた領域」と書かれていますので，

$$x^2-2\sqrt{3}x+y^2-2y+3\leqq0$$

は円の方程式を表しているはずです．実際，上式は，

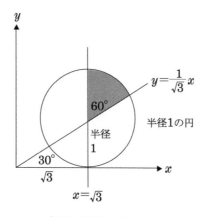

解図（問題 2-6）

$$(x-\sqrt{3})^2+(y-1)^2\leqq 1$$

と変形でき，中心の座標が$(\sqrt{3},1)$で，半径が1以下となる円の領域を表しています．

　したがって，解図（問題2-6）に示した扇形の面積Aは，

$$A=\pi\times 1^2\times\frac{60°}{360°}=\frac{\pi}{6}$$

と求まります．

【問題2.7】 AB＝7，BC＝5，CA＝6である△ABCの内接円の半径を求めなさい．

（国家公務員一般職試験）

【解答】 解図（問題2-7）を参照すれば，

$$△ABC=△IAB+△IBC+△ICA$$

$$\therefore S=\frac{1}{2}cr+\frac{1}{2}ar+\frac{1}{2}br=\frac{1}{2}r(a+b+c)$$

　したがって，三角形に内接する円の半径rを求める公式は，

$$r=\frac{2S}{a+b+c}\tag{a}$$

となります．

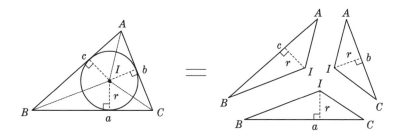

解図（問題2-7）

　一方，三角形の面積Sを求めるヘロンの公式は，

$$S=\sqrt{s(s-a)(s-b)(s-c)}\tag{b}$$

$$ただし，\quad s=\frac{a+b+c}{2}\tag{c}$$

式(c)に与えられた諸元を代入すれば，

$$s = \frac{c+a+b}{2} = \frac{7+5+6}{2} = 9$$

式(b)から三角形の面積 S を求めれば,

$$S = \sqrt{s(s-a)(s-b)(s-c)} = \sqrt{9 \times (9-5) \times (9-6) \times (9-7)} = \sqrt{9 \times 4 \times 3 \times 2} = 6\sqrt{6}$$

したがって,三角形に内接する円の半径 r (求める答え)は,

$$r = \frac{2S}{a+b+c} = \frac{2 \times 6\sqrt{6}}{5+6+7} = \frac{2}{3}\sqrt{6}$$

となります.

　参考までに,∠BAC$=\theta$ として余弦定理を適用すれば,

$$5^2 = 7^2 + 6^2 - 2 \times 7 \times 6\cos\theta \quad \therefore \cos\theta = \frac{5}{7}$$

$\sin^2\theta + \cos^2\theta = 1$ に代入して

$$\sin\theta = \frac{2}{7}\sqrt{6}$$

それゆえ,三角形 ABC の面積 S は

$$S = \frac{1}{2}cb\sin\theta = \frac{1}{2} \times 7 \times 6 \times \frac{2}{7}\sqrt{6} = 6\sqrt{6}$$

となり,三角形に内接する円の半径 r は,

$$r = \frac{2S}{a+b+c} = \frac{2 \times 6\sqrt{6}}{5+6+7} = \frac{2}{3}\sqrt{6}$$

と求まります.

【問題 2.8】実数 x, y が $(x-1)^2 + (y-2)^2 \leqq 1$ を満たすとき,$x^2 + y^2$ の最大値を求めなさい.

(国家公務員一般職試験)

【解答】与えられた $(x-1)^2 + (y-2)^2 \leqq 1$ は,中心が $(1,2)$ で半径が 1 以下の円領域を表します.一方,$x^2 + y^2 = k^2$ と置けばわかるように,この式は中心が $(0,0)$ で,半径が k の円を表します.それゆえ,解図(問題 2-8)を参照すれば,

$$x^2 + y^2 = k^2 = (1 + 1 \times \cos\theta)^2 + (2 + 1 \times \sin\theta)^2$$

ここで,

$$\cos\theta = \frac{1}{\sqrt{2^2 + 1^2}} = \frac{1}{\sqrt{5}}, \quad \sin\theta = \frac{2}{\sqrt{2^2 + 1^2}} = \frac{2}{\sqrt{5}}$$

なので,求める答えは,

$$x^2 + y^2 = k^2 = \left(1 + 1 \times \cos\theta\right)^2 + (2 + 1 \times \sin\theta)^2 = 1 + 2\cos\theta + \cos^2\theta + 4 + 4\sin\theta + \sin^2\theta$$

$$= 6 + 2 \times \frac{1}{\sqrt{5}} + 4 \times \frac{2}{\sqrt{5}} = 6 + \frac{10}{\sqrt{5}} = 6 + 2\sqrt{5}$$

となります.

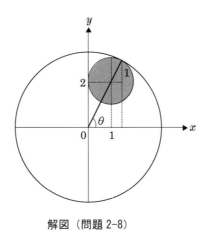

解図（問題 2-8）

【問題 2.9】 xy 平面上において，次の式で表される円 A と円 B があります.

$$円 A：(x-1)^2 + (y-3)^2 = \frac{5}{9} \qquad 円 B：(x-2)^2 + (y-1)^2 = \frac{20}{9}$$

また，円 C が円 A に外接し，かつ，円 A と円 B の接点における接線と，円 A と円 C の接点における接線が直交しています.

円 A，円 B，円 C の中心を結ぶ三角形の面積が 10/3 であるとき，円 C の中心の x 座標のうち，小さい方の値を求めなさい.

（国家公務員 II 種試験）

【解答】 円 A は，中心座標が $(1,3)$ で，半径が $\sqrt{5}/3$ です. また，円 B は中心座標が $(2,1)$ で，半径が $2\sqrt{5}/3$ です. 題意で与えられた条件も加味すれば，解図（問題 2-9）のような関係を描くことができますので，三角形の面積に関する条件から，

$$\sqrt{5} \times h \times \frac{1}{2} = \frac{10}{3} \quad ゆえに，\; h = \frac{4}{3}\sqrt{5}$$

ところで，直線 ab の勾配は-2 ですので，直線 ac の勾配は**直交条件（2 つの勾配の積=-1）**から $\frac{1}{2}$ であることがわかります. したがって，

$$\tan\theta(=\text{直線 ac の勾配}) = \frac{\sin\theta}{\cos\theta} = \frac{1}{2} \quad \text{ゆえに,} \quad 2\sin\theta = \cos\theta \tag{a}$$

また,

$$h \times \cos\theta = 1 - x \quad \text{すなわち,} \quad \frac{4}{3}\sqrt{5} \times \cos\theta = 1 - x \tag{b}$$

が成立しますので, 式(a)を

$$\sin^2\theta + \cos^2\theta = 1$$

に代入すれば,

$$\frac{5}{4}\cos^2\theta = 1 \quad \text{から} \quad \cos^2\theta = \frac{4}{5} \quad \text{ゆえに,} \quad \cos\theta = \pm\frac{2}{\sqrt{5}}$$

よって,

$$\cos\theta = \frac{2}{\sqrt{5}} \text{ を式(b)に代入すれば,} \quad x = -\frac{5}{3}$$

$$\text{また,} \quad \cos\theta = -\frac{2}{\sqrt{5}} \text{ を式(b)に代入すれば,} \quad x = \frac{11}{3}$$

したがって, 円 C の小さい方の x 座標は,

$$x = -\frac{5}{3}$$

であることがわかります.

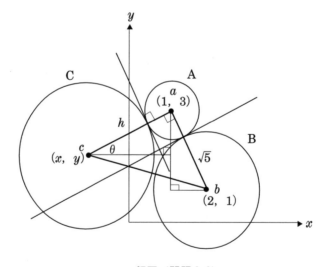

解図 (問題 2-9)

【問題 2.10】定点 F(1, 0) と定直線 $\ell : x = -1$ について，点 P から直線 ℓ に下ろした垂線の足を H とするとき，$\mathrm{PF} = \sqrt{2}\mathrm{PH}$ となる点 P の軌跡を表す式を求めなさい．

【解答】解図（問題 2-10）に示すように，点 P の座標を (x, y) とすれば，

$$\mathrm{PF} = \sqrt{(1-x)^2 + (0-y)^2} = \sqrt{(x-1)^2 + (y-0)^2}$$

定直線 $\ell : x = -1$ は，

$$1 \times x + 0 \times y + 1 = 0$$

と変形できますので，

$$\mathrm{PH} = \frac{|1 \times x + 0 \times y + 1|}{\sqrt{1^2 + 0^2}} = |1 + x|$$

したがって，$\mathrm{PF} = \sqrt{2}\mathrm{PH}$ の関係より，

$$\sqrt{(x-1)^2 + (y-0)^2} = \sqrt{2} \times |1 + x|$$

両辺を 2 乗して

$$(x-1)^2 + y^2 = 2(x+1)^2$$

整理して，

$$x^2 - 2x + 1 + y^2 = 2x^2 + 4x + 2 \quad \text{ゆえに，} \quad (x+3)^2 - 8 = y^2$$

よって，求める答えは，

$$\frac{(x+3)^2}{8} - \frac{y^2}{8} = 1$$

となります．

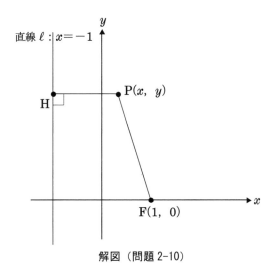

解図（問題 2-10）

【問題 2.11】 図（問題 2-11）のように，定点 A(2,1)を通る直線とx軸，y軸との交点をそれぞれ B，C とするとき，BC の中点 M の軌跡を表す式を求めなさい．

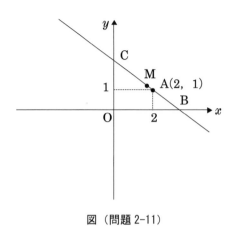

図（問題 2-11）

（労働基準監督官採用試験）

【解答】 定点 A の座標である $(2,1)$ を

$$y = ax + b$$

に代入すれば，

$$1 = 2a + b$$

よって，

$$y = ax + (1 - 2a) \tag{a}$$

式(a)において，

$$x = 0\text{を代入すれば，} \quad y_C = 1 - 2a \quad \text{（C 点の }y\text{ 座標）}$$

$$y = 0\text{を代入すれば，} \quad x_B = \frac{2a - 1}{a} \quad \text{（B 点の }x\text{ 座標）}$$

したがって，BC の中点 M の座標を (x, y) とすれば，

$$x = \frac{\frac{2a-1}{a} + 0}{2} = \frac{2a-1}{2a} \tag{b}$$

$$y = \frac{1 - 2a + 0}{2} = \frac{1}{2} - a \tag{c}$$

式(b)から求まる $a = \dfrac{1}{2(1-x)}$ を式(c)に代入して

$$y = \frac{1}{2} - \frac{1}{2(1-x)}$$

整理すれば，求める答えは，

$$(x-1)\left(y - \frac{1}{2}\right) = \frac{1}{2}$$

となります.

【問題 2.12】xy 平面上において, 直線 $y = -\dfrac{\sqrt{3}}{3}x + 3$ と円 $x^2 + y^2 = 27$ の 2 つの共有点を点 A, 点 B としたとき, 線分 AB の長さを求めなさい.

(国家公務員一般職試験)

【解答】まずは 2 つの共有点である点 A, 点 B を求めることにします.

$$x^2 + \left(-\frac{\sqrt{3}}{3}x + 3\right)^2 = 27$$

を整理すると

$$2x^2 - 3\sqrt{3}x - 27 = 0 \quad \therefore x = \frac{3\sqrt{3} \pm 9\sqrt{3}}{4} = 3\sqrt{3} \quad \text{or} \quad -\frac{3\sqrt{3}}{2}$$

それぞれの x に対応する y の値を求めれば,

$$y = -\frac{\sqrt{3}}{3} \times 3\sqrt{3} + 3 = 0, \quad y = -\frac{\sqrt{3}}{3} \times \left(-\frac{3\sqrt{3}}{2}\right) = \frac{9}{2}$$

したがって, 解図 (問題 2-12) を描いた後, 線分 AB の長さを求めれば,

$$AB = \sqrt{\left(3\sqrt{3} + \frac{3\sqrt{3}}{2}\right)^2 + \left(\frac{9}{2}\right)^2} = 9$$

となります.

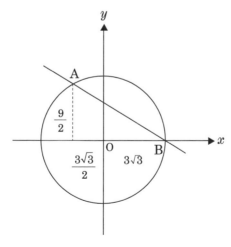

解図 (問題 2-12)

【問題 2.13】xy平面において，次の式で表される円 C と直線 ℓ があります．

$$円\ C : x^2 + y^2 - 4x - 6y = 0$$

$$直線\ \ell : 3x + 4y = 3$$

いま，円 C と直線 ℓ が交わっているとします．このとき，直線 ℓ が円 C によって切り取られる線分の長さを求めなさい．

【解答】円 C の方程式を変形すれば，

$$(x-2)^2 + (y-3)^2 = 13$$

となりますので，この円 C は中心座標が $(2,3)$ で，半径が $\sqrt{13}$ であることがわかります．

円 C の中心から直線までの距離は，

$$L = \frac{|ax_1 + by_1 + c|}{\sqrt{a^2 + b^2}} = \frac{|3 \times 2 + 4 \times 3 - 3|}{\sqrt{3^2 + 4^2}} = \frac{|15|}{5} = 3$$

です．したがって，解図（問題 2-13）を参照すれば，求める線分の長さは，

$$\sqrt{\left(\sqrt{13}\right)^2 - 3^2} \times 2 = 4$$

となります．

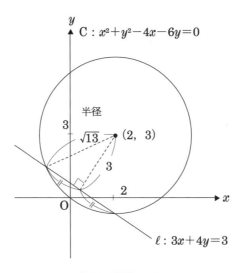

解図（問題 2-13）

【問題 2.14】 座標空間上に O(0,0,0)，A(1,2,1)，B(2,-1,0)，C(3,-1,5) の 4 点があるとき，点 O，A，B で定まる平面と点 C との距離を求めなさい.

（労働基準監督官採用試験）

【解答】 平面は点 O(0,0,0)，A(1,2,1)，B(2,-1,0) で定まりますので，平面の方程式である

$$ax + by + cz + d = 0$$

に座標値を代入すれば，

　点 O：$a \times 0 + b \times 0 + c \times 0 + d = 0$　　ゆえに，　$d = 0$

　点 A：$a \times 1 + b \times 2 + c \times 1 + 0 = 0$ 　　　　　　　　　　　　　　　(a)

　点 B：$a \times 2 + b \times (-1) + c \times 0 + 0 = 0$ 　　　　　　　　　　　　　(b)

式(a)と式(b)から，

$$b = 2a, \quad c = -5a$$

したがって，点 C(3,-1,5) との距離 L は，

$$L = \frac{|ax_1 + by_1 + cz_1 + d|}{\sqrt{a^2 + b^2 + c^2}} = \frac{|3a - 2a - 5 \times 5a + 0|}{\sqrt{a^2 + 4a^2 + 25a^2}} = \frac{24a}{\sqrt{30}a} = \frac{24\sqrt{30}}{30} = \frac{4\sqrt{30}}{5}$$

と求まります.

【問題 2.15】 3 点 A(4,1,0)，B(0,3,2)，C(5,0,-1) を通る平面に原点 O から垂線を下ろすとき，線分 OH の長さを求めなさい.

（労働基準監督官採用試験）

【解答】 問題 2.14 の類似問題です. 平面は A(4,1,0)，B(0,3,2)，C(5,0,-1) で定まりますので，平面の方程式である

$$ax + by + cz + d = 0$$

に座標値を代入すれば，

　点 A：$a \times 4 + b \times 1 + c \times 0 + d = 0$　　ゆえに，　$4a + b + d = 0$

　点 B：$a \times 0 + b \times 3 + c \times 2 + d = 0$　　ゆえに，　$3b + 2c + d = 0$

　点 C：$a \times 5 + b \times 0 + c \times (-1) + d = 0$　　ゆえに，　$5a - c + d = 0$

これらの式から，

$$a = 0, \quad b = -c, \quad d = c$$

したがって，原点 O(0,0,0) との距離 L は，

$$L = \frac{|ax_1 + by_1 + cz_1 + d|}{\sqrt{a^2 + b^2 + c^2}} = \frac{|0 \times 0 + (-c) \times 0 + c \times 0 + c|}{\sqrt{0^2 + (-c)^2 + c^2}} = \frac{c}{\sqrt{2}c} = \frac{1}{\sqrt{2}} = \frac{\sqrt{2}}{2}$$

と求まります.

【問題 2.16】直線 $\ell : x + 2y - 9 = 0$ に関して，点 A(2,1) と対称な点 B の座標を求めなさい.

【解答】解図（問題 2-16）のように，対称な点 B の座標を (a, b) とすれば，
線分 AB の中点が直線 ℓ 上にありますので，

$$\frac{2+a}{2} + 2\frac{1+b}{2} - 9 = 0 \quad \text{よって,} \quad a + 2b = 14 \tag{a}$$

直線 AB と直線 ℓ は垂直なので

$$\frac{b-1}{a-2} \times \left(-\frac{1}{2}\right) = -1 \quad \text{よって,} \quad 2a - b = 3 \tag{b}$$

$$(\because \ 勾配の積 = -1)$$

式(a)と式(b)から，

$$a = 4, \quad b = 5$$

したがって，点 B の座標は

$$(4, 5)$$

となります.

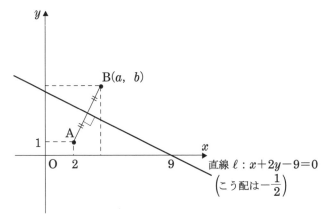

解図（問題 2-16）

【問題 2.17】 直線 $x-3y=5$ に関して，点 P （1，2）と対称な点 Q の座標を求めなさい.

（労働基準監督官採用試験）

【解答】 $x-3y=5$ を変形すれば，

$$y=\frac{1}{3}x-\frac{5}{3}$$

対称な点 Q の座標を (p,q) とすれば，直線 PQ の勾配は，

$$-\frac{2-q}{p-1}$$

なので，直線 $y=\frac{1}{3}x-\frac{5}{3}$ と直線 PQ が直交する条件から，

$$-\frac{2-q}{p-1}\times\frac{1}{3}=-1\quad\therefore 3p+q=5 \tag{a}$$

　一方，PQ の中点 R の座標は，解図（問題 2-17）からわかるように，

$$\left(\frac{p+1}{2},\frac{q+2}{2}\right)$$

であり，この点は直線 $y=\frac{1}{3}x-\frac{5}{3}$ 上の点なので，

$$\frac{q+2}{2}=\frac{1}{3}\times\frac{p+1}{2}-\frac{5}{3}\quad\therefore p-3q=15 \tag{b}$$

式(a)と式(b)から，求める答えは，

$$p=3,\quad q=-4$$

となります.

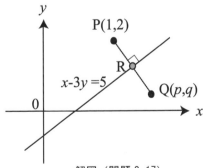

解図（問題 2-17）

【**問題 2.18**】直線 $y = 2x + 3$ に関して，直線 $3x + y - 1 = 0$ と対称な直線の方程式を求めなさい．

【**解答**】解図（問題 2-18）に示すように，直線 $3x + y - 1 = 0$ 上の点を $\mathrm{P}(p, q)$ とすれば，

$$3p + q - 1 = 0 \tag{a}$$

直線 $y = 2x + 3$ に関して，点 P と対称な点を $\mathrm{Q}(X, Y)$ とすれば，線分 PQ の中点 $\left(\dfrac{p + X}{2}, \dfrac{q + Y}{2} \right)$ が対称軸（$y = 2x + 3$）上にあることから，

$$\frac{q + Y}{2} = 2 \times \frac{p + X}{2} + 3 \tag{b}$$

一方，直線 PQ は対称軸と垂直であることから，

$$\frac{Y - q}{X - p} \times 2 = -1 \quad （\because\ 2\text{つの傾きの積} = -1） \tag{c}$$

式(b)と式(c)から p，q を求めると

$$p = \frac{-3X + 4Y - 12}{5}, \quad q = \frac{4X + 3Y + 6}{5}$$

これを式(a)に代入すれば，

$$3 \times \frac{-3X + 4Y - 12}{5} + \frac{4X + 3Y + 6}{5} - 1 = 0 \quad ゆえに，\quad X - 3Y + 7 = 0$$

したがって，求める直線の方程式は，X を x，Y を y に置き換えて，

$$x - 3y + 7 = 0$$

となります．

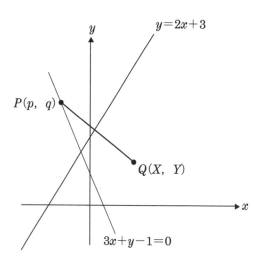

解図（問題 2-18）

【問題 2.19】 xyz 空間において，4 点 $(2,3,1)$，$(3,1,-2)$，$(2,-1,-3)$，$(-1,1,a)$ が同一平面上にあるときの a の値を求めなさい．

（国家公務員一般職試験）

【解答】 平面の方程式

$$ax+by+cz+d=0 \tag{a}$$

に，$(2,3,1)$，$(3,1,-2)$，$(2,-1,-3)$ を代入すれば，

$$2a+3b+c+d=0 \tag{b}$$
$$3a+b-2c+d=0 \tag{c}$$
$$2a-b-3c+d=0 \tag{d}$$

式(b)−式(c)より，

$$4b+4c=0 \quad \therefore b=-c$$

これを式(b)と式(c)に代入すれば，

$$2a+3b-b+d=0 \quad \therefore 2a+2b+d=0 \tag{e}$$
$$3a+b+2b+d=0 \quad \therefore 3a+3b+d=0 \tag{f}$$

3×式(e)−2×式(f)より，

$$d=0$$

これを式(e)に代入すれば，

$$a=-b$$

ゆえに，式(a)に $(-1,1,a)$ を代入すれば，

$$-a+b+ac+d=-a-a+a\times a+0=a(a-2)=0 \quad \therefore a=0, \ 2$$

$a=0$ であれば，$b=c=d=0$ となってしまうので，同一平面上にあるときの a の値（求める答え）は，

$$a=2$$

となります．

【問題 2.20】 点 $(2,4)$ から円 $(x+2)^2+(y-2)^2=10$ に引いた接線の方程式を求めなさい．

【解答】 接線の傾きを m とすれば，解図（問題 2-20）からわかるように，点 $(2,4)$ を通る接線の方程式は，

$$m=\frac{y-4}{x-2} \ \text{から} \ y-4=m(x-2) \quad \text{ゆえに，} \ mx-y-2m+4=0$$

円の中心 $(-2,2)$ とこの直線との距離が半径である $\sqrt{10}$ に等しいことから，

$$\frac{|m\times(-2)+(-1)\times 2-2m+4|}{\sqrt{m^2+(-1)^2}}=\sqrt{10} \quad \text{ゆえに，} \ (-4m+2)^2=10(1+m^2)$$

整理して,

$$3m^2 - 8m - 3 = 0$$

ゆえに,

$$m = \frac{-(-8) \pm \sqrt{(-8)^2 - 4 \times 3 \times (-3)}}{2 \times 3} = \frac{8 \pm 10}{6} = -\frac{1}{3} \ \text{or} \ \ 3$$

したがって,求める接線の方程式は,

$$y - 4 = -\frac{1}{3}(x - 2) \quad \text{ゆえに,} \ \ x + 3y - 14 = 0$$

$$y - 4 = 3(x - 2) \quad \text{ゆえに,} \ \ 3x - y - 2 = 0$$

となります.

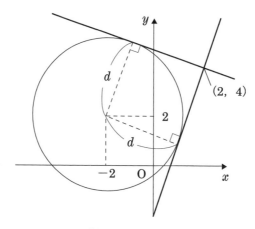

解図（問題 2-20）

【**問題 2.21**】2 つの円 $x^2 + y^2 + 2y - 4 = 0$, $x^2 + y^2 - 4x + 5y + 4 = 0$ があります.

(1) この 2 円の 2 つの交点を通る直線の方程式を求めなさい.

(2) この 2 円の 2 つの交点と原点を通る円の方程式を求めなさい.

【**解答**】(1) 2 つの円の交点を $\mathrm{P}(p, q)$ とします.点 P は 2 つの円上の点ですので,

$$p^2 + q^2 + 2q - 4 = 0 \tag{a}$$
$$p^2 + q^2 - 4p + 5q + 4 = 0 \tag{b}$$

式(a)-式(b)より,

$$4p - 3q - 8 = 0$$

これは,$\mathrm{P}(p, q)$ が直線 $4x - 3y - 8 = 0$ 上にあることを示していますので,求める直線の方程式は

$$4x - 3y - 8 = 0$$

となります.

なお,この問題は,「2 円の共有点を通る円の方程式」を参照し,

$$x^2 + y^2 + 2y - 4 + k(x^2 + y^2 - 4x + 5y + 4) = 0$$

において，$k = -1$（直線になる条件）を代入すれば，もっと簡単に求められます．

(2) 2 円の 2 つの交点を通る円の方程式は，

$$x^2 + y^2 + 2y - 4 + k(x^2 + y^2 - 4x + 5y + 4) = 0 \qquad (k \neq -1)$$

題意より，この円は原点 $(0,0)$ を通りますので，上式に $x = 0$，$y = 0$ を代入すれば，

$$-4 + 4k = 0 \quad \text{よって，} \quad k = 1$$

したがって，求める円の方程式は，

$$x^2 + y^2 + 2y - 4 + 1 \times (x^2 + y^2 - 4x + 5y + 4) = 0$$

ゆえに，

$$2x^2 + 2y^2 - 4x + 7y = 0$$

となります．

【問題 2.22】空間上の球を 2 枚の平行で間隔が 1 の平面で切断したところ，交円の半径は 1，2 となりました．球の半径 r を求めなさい．

【解答】解図（問題 2-22）を参照して，**三平方の定理**を適用すれば，

$$x^2 + 2^2 = r^2 \tag{a}$$
$$(x+1)^2 + 1^2 = r^2 \tag{b}$$

式(a)−式(b)より，

$$2x - 2 = 0 \quad \text{ゆえに，} \quad x = 1$$

よって，求める答えは

$$r = \sqrt{5}$$

となります．

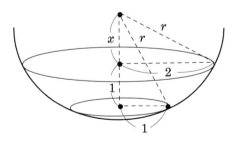

解図（問題 2-22）

【問題 2.23】球が 1 辺の長さ 4 の正八面体に外接しているとき，この球の半径を求めなさい．

（国家公務員一般職試験）

【解答】正八面体は，正三角形 8 枚で構成された正多面体のことをいいます．解図（問題 2-23）において，AC は外接球の直径になっており，その大きさは，

$$2 \times 4\cos45° = \frac{8}{\sqrt{2}} = 4\sqrt{2}$$

ですので，求める答え（球の半径）は，

$$2\sqrt{2}$$

となります．

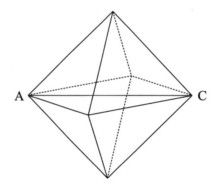

解図（問題 2-23）

【問題 2.24】図（問題 2-24）のように，辺の長さ 2，$\sqrt{3}$，$\sqrt{3}$ の二等辺三角形で全ての面が構成される四面体の体積を求めなさい.

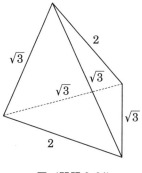

図（問題 2-24）

（国家公務員一般職試験）

【解答】解図（問題 2-24）に示したように，AB の中点を M，OC の中点を N とします. OM の長さを x として三角形 OMA に三平方の定理を適用すれば，

$$\left(\sqrt{3}\right)^2 = x^2 + 1^2 \quad \therefore x = \sqrt{2}$$

MN の長さを y として三角形 OMN に三平方の定理を適用すれば，

$$\left(\sqrt{2}\right)^2 = y^2 + 1^2 \quad \therefore y = 1$$

三角形 OCM の面積は，

$$2 \times 1 \times \frac{1}{2} = 1$$

四面体の体積は，

（三角形 OCM を底面として高さが 1 の立方体）×2

を計算すれば求まりますので，求める答えは，

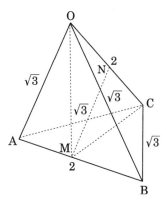

解図（問題 2-24）

$$\left(\frac{1}{3} \times 1 \times 1\right) \times 2 = \frac{2}{3}$$

となります.

【問題 2.25】図（問題 2-25）のように，正方形 ABCD において，辺 BC を 3 : 1 に内分する点を M，辺 CD の中点を N，線分 AM と線分 BN の交点を P，∠MPN＝θ とします.このとき，$\cos\theta$ を求めなさい.

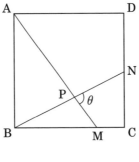

図（問題 2-25）

（国家公務員一般職試験）

【解答】解図（問題 2-25）を参照し，

直線 BN : $y = \frac{2}{4}x$

直線 AM : $y = -\frac{4}{3}x + 4$

と置き，交点 P の座標を求めれば，

$$x = \frac{24}{11}, \quad y = \frac{12}{11}$$

となります.三角形 PNM に余弦定理を適用するため，はじめに MN，PM，PN の長さを求めます.三平方の定理を適用すれば，

$$MN = \sqrt{1^2 + 2^2} = \sqrt{5}$$

$$PM = \sqrt{\left(\frac{12}{11}\right)^2 + \left(3 - \frac{24}{11}\right)^2} = \frac{15}{11}$$

$$PN = \sqrt{\left(4 - \frac{24}{11}\right)^2 + \left(2 - \frac{12}{11}\right)^2} = \frac{10}{11}\sqrt{5}$$

となりますので，三角形 PNM に余弦定理を適用して，

$$5 = \left(\frac{15}{11}\right)^2 + \left(\frac{10\sqrt{5}}{11}\right)^2 - 2 \times \frac{15}{11} \times \frac{10\sqrt{5}}{11} \times \cos\theta$$

したがって，求める答えは，

$$\cos\theta = \frac{2\sqrt{5}}{25}$$

となります.

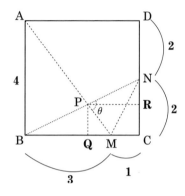

解図（問題 2-25）

第3章

行列と1次変換

●行　列

（1）行列のかけ算

2次元の正方行列のかけ算は，

$$2次の正方行列 \quad \overset{列}{行\begin{pmatrix} \boxed{1 \quad 2} \\ 3 \quad 4 \end{pmatrix} \begin{pmatrix} \boxed{\begin{matrix} a \\ c \end{matrix}} \quad b \\ d \end{pmatrix} = \begin{pmatrix} \boxed{1a+2c} & 1b+2d \\ 3a+4c & 3b+4d \end{pmatrix}}$$

のようにして計算できます.

（2）単位行列

$$E = \begin{pmatrix} 1 & 0 \\ 0 & 1 \end{pmatrix}$$

のように，全ての対角成分が 1 である対角行列（非対角成分がすべて 0 である行列）[1]を**単位行列** [2]といいます. 当然ですが，単位行列はどんな行列に掛けても，答えが元の行列と同じになります.

（3）ケイリー・ハミルトンの定理

$A = \begin{pmatrix} a & b \\ c & d \end{pmatrix}$ のとき，

$$A^2 - (a+d)A + (ad-bc)E = 0$$

が成り立ちます. これを**ケイリー・ハミルトンの定理**といいます.

---

[1] 行列 A，B が n 次の対角行列であるとき，積 AB および BA も対角行列であり，
$$AB = BA$$
の関係が成り立ちます.

[2] $E = \begin{pmatrix} 1 & 0 \\ 0 & 1 \end{pmatrix}$ は 2 次の単位行列です.

(4) 逆行列

$A = \begin{pmatrix} a & b \\ c & d \end{pmatrix}$ のとき，以下の A^{-1} （エーインバースと読みます）を**逆行列**といいます.

$$A^{-1} = \frac{1}{ad-bc}\begin{pmatrix} d & -b \\ -c & a \end{pmatrix}$$

（$ad-bc = 0$ のとき，逆行列は存在しません）

また，

$$A \cdot A^{-1} = E, \quad A^{-1} \cdot A = E$$

の関係も成立します[3].

(5) 転置行列

$m \times n$ 次の行列 A において，行と列を入れ替えたものを A の**転置行列**（transposed matrix）と呼び，A^T と表します. なお，転置行列については次の関係が成り立ちます.

① $(cA)^T = cA^T$

② $(A+B)^T = A^T + B^T$

③ $(A^T)^T = A$

④ $(AB)^T = B^T A^T$

●行列式

(1) 行列 $A = \begin{pmatrix} a & b \\ c & d \end{pmatrix}$ の行列式 $|A|$ （または $\det A$ と書いてデターミナントエーと読みます）は，

$$|A| = ad - bc$$

となります.

(2) 行列 $A = \begin{pmatrix} a_{11} & a_{12} & a_{13} \\ a_{21} & a_{22} & a_{23} \\ a_{31} & a_{32} & a_{33} \end{pmatrix}$ の行列式 $|A|$ は，実際に計算する順番にしたがって表示すると，

$$|A| = a_{11}a_{22}a_{33} + a_{12}a_{23}a_{31} + a_{13}a_{32}a_{21} - a_{13}a_{22}a_{31} - a_{23}a_{32}a_{11} - a_{33}a_{21}a_{12}$$

（**サラスの公式**）

となります.

---

3) 同じ行列同士や対角行列同士を掛けたり，逆行列や零行列を掛けたりするとき以外は，掛け算の順番を逆にするとその結果が違ってきますので注意が必要です.

●1 次変換

P(*x, y*) を Q(*x′, y′*) に移す変換が,

$$\begin{pmatrix} x' \\ y' \end{pmatrix} = \begin{pmatrix} a & b \\ c & d \end{pmatrix} \begin{pmatrix} x \\ y \end{pmatrix} \quad (a,\ b,\ c,\ d は定数)$$

と表されるとき, この変換を **1 次変換** と呼んでいます.

●回転移動

図 3-1 のように, 点 P(*x, y*) を原点の周りに θ だけ回転して得られた点を Q(*x′, y′*) とすると,

$$\begin{pmatrix} x' \\ y' \end{pmatrix} = \begin{pmatrix} \cos\theta & -\sin\theta \\ \sin\theta & \cos\theta \end{pmatrix} \begin{pmatrix} x \\ y \end{pmatrix}$$

と表されます. ここに, $\begin{pmatrix} \cos\theta & -\sin\theta \\ \sin\theta & \cos\theta \end{pmatrix}$ は回転するための **1 次変換行列**です. ちなみに, 1

次変換行列の逆行列は, 行と列を入れ替えた**転置行列**に等しいことが知られています.

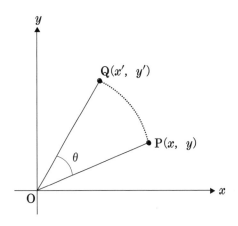

図 3-1　回転移動

【問題 3.1】xy 平面上の任意の点 $\mathrm{P}(X, Y)$ を直線 $y = 3x$ に関して対象な点 $\mathrm{Q}(X', Y')$ に移す 1 次変換が，行列 A を用いて

$$\begin{pmatrix} X' \\ Y' \end{pmatrix} = A \begin{pmatrix} X \\ Y \end{pmatrix}$$

と表されるとき，行列 A を求めなさい．

（国家公務員一般職試験）

【解答】点 $\mathrm{P}(X, Y)$ と点 $\mathrm{Q}(X', Y')$ が直線 $y = 3x$ に関して線対称のとき，解図（問題 3-1）からわかるように，

①線分 PQ の中点が $y = 3x$ 上

②線分 PQ と $y = 3x$ が垂直（線分 PQ の傾きと $y = 3x$ の傾きの積が -1）

になります．

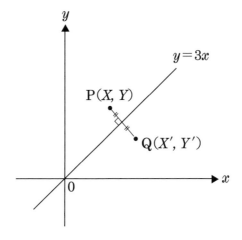

解図（問題 3-1）

それゆえ，①と②より，

$$\frac{Y + Y'}{2} = 3 \times \frac{X + X'}{2} \quad \therefore -3X' + Y' = 3X - Y \tag{a}$$

$$\frac{Y' - Y}{X' - X} \times 3 = -1 \quad \therefore X' + 3Y' = X + 3Y \tag{b}$$

式(a)と式(b)から X' と Y' を求めれば，

$$X' = -\frac{4}{5}X + \frac{3}{5}Y$$

$$Y' = \frac{3}{5}X + \frac{4}{5}Y$$

したがって，

$$\begin{pmatrix} X' \\ Y' \end{pmatrix} = \begin{pmatrix} -\dfrac{4}{5} & \dfrac{3}{5} \\ \dfrac{3}{5} & \dfrac{4}{5} \end{pmatrix} \begin{pmatrix} X \\ Y \end{pmatrix} = \dfrac{1}{5} \begin{pmatrix} -4 & 3 \\ 3 & 4 \end{pmatrix} \begin{pmatrix} X \\ Y \end{pmatrix}$$

となり，求める答えは，

$$A = \dfrac{1}{5} \begin{pmatrix} -4 & 3 \\ 3 & 4 \end{pmatrix}$$

となります.

【問題 3.2】 行列 $A = \begin{bmatrix} 2 & 1 & 3 \\ 3 & 1 & 1 \\ 1 & 2 & 2 \end{bmatrix}$，ベクトル X に対し，$AX = \begin{bmatrix} 8 \\ 8 \\ 6 \end{bmatrix}$ であるとき，X を求めなさい.

（労働基準監督官採用試験）

【解答】 ベクトル X は 3 行 1 列でないといけませんので，$X = \begin{bmatrix} a \\ b \\ c \end{bmatrix}$ とおけば，

$$\begin{bmatrix} 2 & 1 & 3 \\ 3 & 1 & 1 \\ 1 & 2 & 2 \end{bmatrix} \begin{bmatrix} a \\ b \\ c \end{bmatrix} = \begin{bmatrix} 8 \\ 8 \\ 6 \end{bmatrix} \tag{a}$$

行列 A の逆行列を求める必要はありません．式(a)を展開すれば，

$$2a + b + 3c = 8$$
$$3a + b + c = 8$$
$$a + 2b + 2c = 6$$

となり，

$$a = 2, \quad b = 1, \quad c = 1$$

したがって，求める答えは，

$$X = \begin{bmatrix} 2 \\ 1 \\ 1 \end{bmatrix}$$

となります.

【問題 3.3】　2 次の正方行列 A, B, X が，$A+B=\begin{bmatrix} 3 & 1 \\ -2 & -1 \end{bmatrix}$，$AX=\begin{bmatrix} 1 & 2 \\ 0 & -1 \end{bmatrix}$，

$BX=\begin{bmatrix} -2 & 0 \\ 1 & -2 \end{bmatrix}$ を満たすとき，X を求めなさい．

（労働基準監督官採用試験）

【解答】　$AX+BX$ は $(A+B)X$ と変形できますので，
$$AX+BX=(A+B)X$$
したがって，
$$\begin{bmatrix} 1 & 2 \\ 0 & -1 \end{bmatrix}+\begin{bmatrix} -2 & 0 \\ 1 & -2 \end{bmatrix}=\begin{bmatrix} 3 & 1 \\ -2 & -1 \end{bmatrix}X \quad \text{ゆえに，} \quad \begin{bmatrix} -1 & 2 \\ 1 & -3 \end{bmatrix}=\begin{bmatrix} 3 & 1 \\ -2 & -1 \end{bmatrix}X$$
ところで，$A=\begin{pmatrix} a & b \\ c & d \end{pmatrix}$ のとき，逆行列の A^{-1} は，
$$A^{-1}=\frac{1}{ad-bc}\begin{pmatrix} d & -b \\ -c & a \end{pmatrix}$$
なので，$\begin{bmatrix} 3 & 1 \\ -2 & -1 \end{bmatrix}$ の逆行列を求めれば，

$$\begin{bmatrix} 3 & 1 \\ -2 & -1 \end{bmatrix}^{-1}=\frac{1}{3\times(-1)-1\times(-2)}\begin{bmatrix} -1 & -1 \\ 2 & 3 \end{bmatrix}=-\begin{bmatrix} -1 & -1 \\ 2 & 3 \end{bmatrix}=\begin{bmatrix} 1 & 1 \\ -2 & -3 \end{bmatrix}$$

したがって，
$$X=\begin{bmatrix} 1 & 1 \\ -2 & -3 \end{bmatrix}\begin{bmatrix} -1 & 2 \\ 1 & -3 \end{bmatrix}=\begin{bmatrix} 0 & -1 \\ -1 & 5 \end{bmatrix}$$
となります．

【問題 3.4】　行列 $A=\begin{pmatrix} a & a+1 \\ a+2 & a+4 \end{pmatrix}$ の逆行列が存在しないとき，行列 A^2 を求めなさい．

（労働基準監督官採用試験）

【解答】　$A=\begin{pmatrix} a & b \\ c & d \end{pmatrix}$ のとき，逆行列 A^{-1} は，
$$A^{-1}=\frac{1}{ad-bc}\begin{pmatrix} d & -b \\ -c & a \end{pmatrix}$$
で求められます．ただし，$ad-bc=0$ のときは，逆行列は存在しません．それゆえ，この問題では，

$$a(a+4)-(a+1)(a+2)=a-2=0 \quad すなわち, \quad a=2$$

のときに，逆行列が存在しないことがわかります．

したがって，

$$A = \begin{pmatrix} a & a+1 \\ a+2 & a+4 \end{pmatrix} = \begin{pmatrix} 2 & 2+1 \\ 2+2 & 2+4 \end{pmatrix} = \begin{pmatrix} 2 & 3 \\ 4 & 6 \end{pmatrix}$$

となり，

$$A^2 = \begin{pmatrix} 2 & 3 \\ 4 & 6 \end{pmatrix}\begin{pmatrix} 2 & 3 \\ 4 & 6 \end{pmatrix} = \begin{pmatrix} 2\times 2+3\times 4 & 2\times 3+3\times 6 \\ 4\times 2+6\times 4 & 4\times 3+6\times 6 \end{pmatrix} = \begin{pmatrix} 16 & 24 \\ 32 & 48 \end{pmatrix}$$

と求まります．

【問題 3.5】行列 $A = \begin{pmatrix} 1 & a \\ 2 & -2 \end{pmatrix}$ が等式 $A^4 = A$ を満たすとき，定数 a の値を求めなさい．

（労働基準監督官採用試験）

【解答】 $A^2 = \begin{pmatrix} 1 & a \\ 2 & -2 \end{pmatrix}\begin{pmatrix} 1 & a \\ 2 & -2 \end{pmatrix} = \begin{pmatrix} 1\times 1+a\times 2 & 1\times a+a\times(-2) \\ 2\times 1+(-2)\times 2 & 2\times a+(-2)\times(-2) \end{pmatrix} = \begin{pmatrix} 1+2a & -a \\ -2 & 2a+4 \end{pmatrix}$

$A^3 = A^2 A = \begin{pmatrix} 1+2a & -a \\ -2 & 2a+4 \end{pmatrix}\begin{pmatrix} 1 & a \\ 2 & -2 \end{pmatrix} = \begin{pmatrix} 1 & 3a+2a^2 \\ 4a+6 & -6a-8 \end{pmatrix},$

$A^4 = A^3 A = \begin{pmatrix} 1 & 3a+2a^2 \\ 4a+6 & -6a-8 \end{pmatrix}\begin{pmatrix} 1 & a \\ 2 & -2 \end{pmatrix} = \begin{pmatrix} 1+6a+4a^2 & -5a-4a^2 \\ -8a-10 & 4a^2+18a+16 \end{pmatrix}$

ですので，$A^4 = A$ は以下のように記述することができます．

$$\begin{pmatrix} 1+6a+4a^2 & -5a-4a^2 \\ -8a-10 & 4a^2+18a+16 \end{pmatrix} = \begin{pmatrix} 1 & a \\ 2 & -2 \end{pmatrix} \tag{a}$$

　この式が成立するためには，行列の各要素が等しくないといけませんので，2 行 1 列目に着目すれば，

$$-8a-10 = 2 \quad ゆえに, \quad a = -\frac{3}{2}$$

となります．

　ちなみに，$a = -\dfrac{3}{2}$ を他の要素に代入すれば，

$$1+6a+4a^2 = 1+6\times\left(-\frac{3}{2}\right)+4\times\left(-\frac{3}{2}\right)^2 = 1-9+9 = 1$$

$$-5a - 4a^2 = (-5) \times \left(-\frac{3}{2}\right) - 4 \times \left(-\frac{3}{2}\right)^2 = \frac{15}{2} - 9 = -\frac{3}{2} \qquad \left(a = -\frac{3}{2}\right)$$

$$4a^2 + 18a + 16 = 4 \times \left(-\frac{3}{2}\right)^2 + 18 \times \left(-\frac{3}{2}\right) + 16 = 9 - 27 + 16 = -2$$

となって，式(a)が成立することがわかります．

【問題 3.6[やや難]】 行列 $A = \begin{pmatrix} \dfrac{1}{2} & -\dfrac{\sqrt{3}}{2} \\ \dfrac{\sqrt{3}}{2} & \dfrac{1}{2} \end{pmatrix}$ のとき，A^{10} を求めなさい．

（国家公務員一般職試験）

【解答】 A^2 を計算すれば，

$$A^2 = \begin{pmatrix} \dfrac{1}{2} & -\dfrac{\sqrt{3}}{2} \\ \dfrac{\sqrt{3}}{2} & \dfrac{1}{2} \end{pmatrix} \begin{pmatrix} \dfrac{1}{2} & -\dfrac{\sqrt{3}}{2} \\ \dfrac{\sqrt{3}}{2} & \dfrac{1}{2} \end{pmatrix} = \begin{pmatrix} \dfrac{1}{2} \times \dfrac{1}{2} - \dfrac{\sqrt{3}}{2} \times \dfrac{\sqrt{3}}{2} & -\dfrac{1}{2} \times \dfrac{\sqrt{3}}{2} - \dfrac{\sqrt{3}}{2} \times \dfrac{1}{2} \\ \dfrac{\sqrt{3}}{2} \times \dfrac{1}{2} + \dfrac{1}{2} \times \dfrac{\sqrt{3}}{2} & -\dfrac{\sqrt{3}}{2} \times \dfrac{\sqrt{3}}{2} + \dfrac{1}{2} \times \dfrac{1}{2} \end{pmatrix} = \begin{pmatrix} -\dfrac{1}{2} & -\dfrac{\sqrt{3}}{2} \\ \dfrac{\sqrt{3}}{2} & -\dfrac{1}{2} \end{pmatrix}$$

となりますので，A^{10} であれば力任せに解くことも不可能ではありませんが，ちょっと面倒です．

この問題は，**ケイリー・ハミルトンの定理（恒等式）** を適用すると，比較的容易に解くことができます．すなわち，

$$A^2 - \left(\frac{1}{2} + \frac{1}{2}\right)A + \left\{\frac{1}{2} \times \frac{1}{2} - \left(-\frac{\sqrt{3}}{2}\right) \times \frac{\sqrt{3}}{2}\right\}E = 0 \quad \therefore A^2 - A + E = 0$$

ゆえに，

$$A^2 = A - E$$

となり，順次計算すれば，

$$A^3 = AA^2 = A(A - E) = A^2 - AE = (A - E) - A = -E$$
$$A^4 = AA^3 = A(-E) = -A$$
$$A^5 = AA^4 = A(-A) = E - A$$
$$A^6 = AA^5 = A(E - A) = A - (A - E) = E$$
$$A^7 = AA^6 = AE = A$$
$$A^8 = AA^7 = A^2 = (A - E)$$
$$A^9 = AA^8 = A(A - E) = (A - E) - AE = A - E - A = -E$$
$$A^{10} = AA^9 = A(-E) = -AE = -A$$

したがって，求める答えは，

$$A^{10} = -A = \begin{pmatrix} -\dfrac{1}{2} & \dfrac{\sqrt{3}}{2} \\ -\dfrac{\sqrt{3}}{2} & -\dfrac{1}{2} \end{pmatrix}$$

となります.

なお,

$$A^3 = -E$$

がわかった段階で,

$$A^9 = (A^3)^3 = (-E)^3 = -E$$

$$A^{10} = AA^9 = -AE = -A = \begin{pmatrix} -\dfrac{1}{2} & \dfrac{\sqrt{3}}{2} \\ -\dfrac{\sqrt{3}}{2} & -\dfrac{1}{2} \end{pmatrix}$$

としても構いません.

【問題 3. 7】 $A = \dfrac{1}{2}\begin{pmatrix} -4 & -15 \\ 2 & 7 \end{pmatrix}$, $P = \begin{pmatrix} -5 & 3 \\ 2 & -1 \end{pmatrix}$, $B = P^{-1}AP$ について, $B^n = \begin{pmatrix} 1 & 0 \\ 0 & \left(\dfrac{1}{2}\right)^n \end{pmatrix}$ です. このとき, $\displaystyle\lim_{n\to\infty} A^n$ を求めなさい.

(国家公務員 II 種試験)

【解答】 $P = \begin{pmatrix} -5 & 3 \\ 2 & -1 \end{pmatrix}$ の逆行列 P^{-1} を求めれば,

$$P^{-1} = \frac{1}{(-5)\times(-1)-3\times 2}\begin{pmatrix} -1 & -3 \\ -2 & -5 \end{pmatrix} = \begin{pmatrix} 1 & 3 \\ 2 & 5 \end{pmatrix}$$

$P \cdot P^{-1}$ を計算すれば, $P \cdot P^{-1} = \begin{pmatrix} 1 & 0 \\ 0 & 1 \end{pmatrix}$（単位行列）になることに留意して, B の n 乗を求めれば,

$$B^n = (P^{-1}AP)(P^{-1}AP)\cdots(P^{-1}AP) = P^{-1}A^nP$$

（途中に現れる $P \cdot P^{-1}$ は単位行列になる）

ゆえに,

$$PB^nP^{-1} = PP^{-1}A^nPP^{-1} = A^n$$

$n \to \infty$ のときには, $B^n = \begin{pmatrix} 1 & 0 \\ 0 & 0 \end{pmatrix}$ になりますので, 求める答えは,

$$\lim_{n \to \infty} A^n = PB^nP^{-1} = \begin{pmatrix} -5 & 3 \\ 2 & -1 \end{pmatrix}\begin{pmatrix} 1 & 0 \\ 0 & 0 \end{pmatrix} \times \frac{1}{5-6}\begin{pmatrix} -1 & -3 \\ -2 & -5 \end{pmatrix} = \begin{pmatrix} -5 & -15 \\ 2 & 6 \end{pmatrix}$$

となります.

【問題 3.8】 $A = \begin{pmatrix} 1 & 2 \\ 0 & 1 \end{pmatrix}$ のとき，A^{2001} を求めなさい.

（労働基準監督官採用試験）

【解答】 A^2，A^3，A^4 を計算すれば，

$$A^2 = \begin{pmatrix} 1 & 2 \\ 0 & 1 \end{pmatrix}\begin{pmatrix} 1 & 2 \\ 0 & 1 \end{pmatrix} = \begin{pmatrix} 1\times1+2\times0 & 1\times2+2\times1 \\ 0\times1+1\times0 & 0\times2+1\times1 \end{pmatrix} = \begin{pmatrix} 1 & 4 \\ 0 & 1 \end{pmatrix}$$

$$A^3 = A^2A = \begin{pmatrix} 1 & 4 \\ 0 & 1 \end{pmatrix}\begin{pmatrix} 1 & 2 \\ 0 & 1 \end{pmatrix} = \begin{pmatrix} 1 & 6 \\ 0 & 1 \end{pmatrix} = \begin{pmatrix} 1 & 2\times3 \\ 0 & 1 \end{pmatrix},$$

$$A^4 = A^3A = \begin{pmatrix} 1 & 6 \\ 0 & 1 \end{pmatrix}\begin{pmatrix} 1 & 2 \\ 0 & 1 \end{pmatrix} = \begin{pmatrix} 1 & 8 \\ 0 & 1 \end{pmatrix} = \begin{pmatrix} 1 & 2\times4 \\ 0 & 1 \end{pmatrix}$$

となりますので，これから，

$$A^n = \begin{pmatrix} 1 & 2n \\ 0 & 1 \end{pmatrix}$$

と予想できます[4].

　したがって，$n = 2001$ とすれば，求める答えは，

$$A^{2001} = \begin{pmatrix} 1 & 2\times2001 \\ 0 & 1 \end{pmatrix} = \begin{pmatrix} 1 & 4002 \\ 0 & 1 \end{pmatrix}$$

となります.

---

4) $A^{n-1} = \begin{pmatrix} 1 & 2(n-1) \\ 0 & 1 \end{pmatrix}$ とすれば，

$$A^n = \begin{pmatrix} 1 & 2(n-1) \\ 0 & 1 \end{pmatrix}\begin{pmatrix} 1 & 2 \\ 0 & 1 \end{pmatrix} = \begin{pmatrix} 1 & 2n \\ 0 & 1 \end{pmatrix}$$

となって，**数学的帰納法** で証明できます.

【問題 3.9】 xy 平面上に方程式 $x^2 + xy + y^2 = \dfrac{3}{2}$ で表される図（問題 3-9）のような曲線を，原点を中心として反時計回りの方向に 45° 回転します．この回転後に得られる曲線と x 軸との交点の x 座標を求めなさい．なお，原点のまわりで反時計回りに $\theta[°]$ 回転するための 1 次変換は $\begin{pmatrix} \cos\theta & -\sin\theta \\ \sin\theta & \cos\theta \end{pmatrix}$ で表されます．

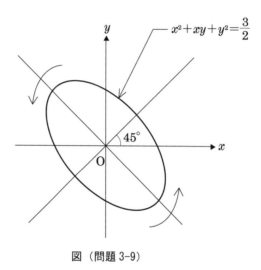

$x^2 + xy + y^2 = \dfrac{3}{2}$

45°

図（問題 3-9）

（国家公務員 II 種試験）

【解答】 $\theta = 45°$ を代入すれば，1 次変換行列は，

$$\begin{pmatrix} \cos\theta & -\sin\theta \\ \sin\theta & \cos\theta \end{pmatrix} = \begin{pmatrix} \cos 45° & -\sin 45° \\ \sin 45° & \cos 45° \end{pmatrix} = \begin{pmatrix} \dfrac{1}{\sqrt{2}} & -\dfrac{1}{\sqrt{2}} \\ \dfrac{1}{\sqrt{2}} & \dfrac{1}{\sqrt{2}} \end{pmatrix}$$

反時計回りの方向に 45° 回転した後の座標を (x', y') とすれば，

$$\begin{pmatrix} x' \\ y' \end{pmatrix} = \begin{pmatrix} \dfrac{1}{\sqrt{2}} & -\dfrac{1}{\sqrt{2}} \\ \dfrac{1}{\sqrt{2}} & \dfrac{1}{\sqrt{2}} \end{pmatrix} \begin{pmatrix} x \\ y \end{pmatrix}$$

よって，

$$\begin{pmatrix} x \\ y \end{pmatrix} = \begin{pmatrix} \dfrac{1}{\sqrt{2}} & -\dfrac{1}{\sqrt{2}} \\ \dfrac{1}{\sqrt{2}} & \dfrac{1}{\sqrt{2}} \end{pmatrix}^{-1} \begin{pmatrix} x' \\ y' \end{pmatrix} = \begin{pmatrix} \dfrac{1}{\sqrt{2}} & \dfrac{1}{\sqrt{2}} \\ -\dfrac{1}{\sqrt{2}} & \dfrac{1}{\sqrt{2}} \end{pmatrix} \begin{pmatrix} x' \\ y' \end{pmatrix} = \dfrac{1}{\sqrt{2}} \begin{pmatrix} x' + y' \\ -x' + y' \end{pmatrix}$$

（1 次変換行列の逆行列は，行と列を入れ替えた転置行列に等しい）

したがって，

$$x = \frac{1}{\sqrt{2}}(x' + y'), \quad y = \frac{1}{\sqrt{2}}(-x' + y')$$

を

$$x^2 + xy + y^2 = \frac{3}{2}$$

に代入すれば,

$$\frac{1}{2}(x' + y')^2 + \frac{1}{2}(y'^2 - x'^2) + \frac{1}{2}(-x' + y')^2 = \frac{3}{2}$$

$y' = 0$ を代入して x 軸との交点の x 座標 x' を求めると

$$x' = \pm\sqrt{3}$$

となります.

【問題 3.10】 xy 平面上において, 点 P(3,3) を原点 O を中心として図の矢印の向きに 60°
回転させた点の x 座標の値を求めなさい.

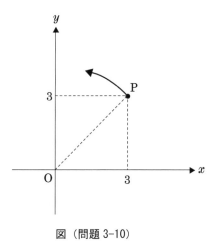

図（問題 3-10）

（国家公務員一般職試験）

【解答】 点 P(x, y) を原点の周りに θ だけ回転して得られた点を Q(x', y') とすると,

$$\begin{pmatrix} x' \\ y' \end{pmatrix} = \begin{pmatrix} \cos\theta & -\sin\theta \\ \sin\theta & \cos\theta \end{pmatrix} \begin{pmatrix} x \\ y \end{pmatrix} \tag{a}$$

と表されます. それゆえ,

$$\begin{pmatrix} x' \\ y' \end{pmatrix} = \begin{pmatrix} \cos\theta & -\sin\theta \\ \sin\theta & \cos\theta \end{pmatrix}\begin{pmatrix} x \\ y \end{pmatrix} = \begin{pmatrix} \cos 60° & -\sin 60° \\ \sin 60° & \cos 60° \end{pmatrix}\begin{pmatrix} 3 \\ 3 \end{pmatrix} = \begin{pmatrix} \dfrac{1}{2} & -\dfrac{\sqrt{3}}{2} \\ \dfrac{\sqrt{3}}{2} & \dfrac{1}{2} \end{pmatrix}\begin{pmatrix} 3 \\ 3 \end{pmatrix} = \begin{pmatrix} \dfrac{3}{2} - \dfrac{3\sqrt{3}}{2} \\ \dfrac{3\sqrt{3}}{2} + \dfrac{3}{2} \end{pmatrix}$$

となり，求める答え（60°回転させた点のx座標の値）は，

$$\frac{3-3\sqrt{3}}{2}$$

となります．

なお，式(a)の公式は，解図（問題 3-10）を参照すれば，

$$x' = r\cos(\theta+\alpha) = r\cos\theta\cos\alpha - r\sin\theta\sin\alpha = x\cos\theta - y\cos\theta$$

$$y' = r\sin(\theta+\alpha) = r\sin\theta\cos\alpha + r\cos\theta\sin\alpha = x\sin\theta + y\cos\theta$$

になることを考えれば理解できると思います．

解図（問題 3-10）

【問題 3.11】1 次変換 f によって直線 ℓ がそれ自身に移されるとき，ℓ を f についての不動直線といいます．次の 1 次変換についての不動直線となりえる式を選びなさい．

$$\begin{pmatrix} x' \\ y' \end{pmatrix} = \begin{pmatrix} 3 & 1 \\ 4 & 3 \end{pmatrix} \begin{pmatrix} x \\ y \end{pmatrix}$$

1. $y = -2x + 1$

2. $y = -\dfrac{1}{2}x + 1$

3. $y = \dfrac{1}{2}x + 1$

4. $y = x + 1$

5. $y = 2x + 1$

(労働基準監督官採用試験)

【解答】$\begin{pmatrix} x' \\ y' \end{pmatrix} = \begin{pmatrix} 3 & 1 \\ 4 & 3 \end{pmatrix} \begin{pmatrix} x \\ y \end{pmatrix}$ を計算すれば，

$$\begin{pmatrix} x' \\ y' \end{pmatrix} = \begin{pmatrix} 3 & 1 \\ 4 & 3 \end{pmatrix} \begin{pmatrix} x \\ y \end{pmatrix} = \begin{pmatrix} 3x + y \\ 4x + 3y \end{pmatrix}$$

よって，

$$x' = 3x + y, \qquad y' = 4x + 3y$$

まず，1 番目の $y' = -2x' + 1$ を満たすと考えて，この式に x' と y' を代入すれば，

$$4x + 3y = -2(3x + y) + 1 \quad 整理して，\quad y = -2x + \frac{1}{5}$$

この式は，もとの $y = -2x + 1$ とは一致しませんので，正解ではありません．

2 番目から 4 番目の式も同様に一致しません．これに対し，5 番目の式は

$$4x + 3y = 2(3x + y) + 1 \quad 整理して，\quad y = 2x + 1$$

この式は，もとの $y = 2x + 1$ と一致しますので，正解は 5 の式であることがわかります．

【問題 3.12】1 次変換 f によって直線 $3x - y + 3 = 0$ は直線 $2x - 3y - 3 = 0$ に移ります．f を表す行列 A を $A = \begin{pmatrix} 0 & n \\ m & 1 \end{pmatrix}$ としたとき，m と n の値を求めなさい．

【解答】1 次変換によって移った点を (x', y') とすれば，

$$\begin{pmatrix} x' \\ y' \end{pmatrix} = \begin{pmatrix} 0 & n \\ m & 1 \end{pmatrix} \begin{pmatrix} x \\ y \end{pmatrix} = \begin{pmatrix} ny \\ mx + y \end{pmatrix}$$

よって,

$$x' = ny, \qquad y' = mx + y$$

これが

$$2x' - 3y' - 3 = 0$$

を満たすことから,x' と y' を代入すれば,

$$2 \times ny - 3(mx + y) - 3 = 0 \tag{a}$$

この式に,

$$3x - y + 3 = 0$$

を変形した $y = 3x + 3$ を代入して整理すれば,

$$3(2n - m - 3)x + 6n - 12 = 0 \tag{b}$$

この式が,すべての x について成立するためには,両辺の係数を比較して,

$$3(2n - m - 3) = 0$$

$$6n - 12 = 0$$

(式(b)の右辺を $0 \times x + 0$ と考える)

よって,求める答えは,

$$m = 1, \quad n = 2$$

となります.

【問題 3.13】 $x^2 + axy + by^2 = 1$(a,b は正の整数)で表される曲線が,行列 $\begin{pmatrix} 2 & 1 \\ 0 & -2 \end{pmatrix}$ で表される 1 次変換によって円に変換されるとき,a と b の値を求めなさい.

(国立大学法人等職員採用試験)

【解答】 点 $(1, 0)$ は $x^2 + axy + by^2 = 1$ 上の点であり,以下に示す 1 次変換によって,点 $(2, 0)$ に移ることがわかります.

$$\begin{pmatrix} x' \\ y' \end{pmatrix} = \begin{pmatrix} 2 & 1 \\ 0 & -2 \end{pmatrix} \begin{pmatrix} 1 \\ 0 \end{pmatrix} = \begin{pmatrix} 2 \\ 0 \end{pmatrix}$$

ところで,与えられた曲線は 1 次変換によって円に変換されますので,変換後の円の方程式($x' = 2$,$y' = 0$ を通る円の方程式)は,

$$x'^2 + y'^2 = 2^2 \tag{a}$$

(左辺に $x' = 2$,$y' = 0$ を代入すれば,確かに 4 になります)

と表されます.

ところで,1 次変換によって点 (x, y) が点 (x', y') に移ったとすれば,

$$\begin{pmatrix} x' \\ y' \end{pmatrix} = \begin{pmatrix} 2 & 1 \\ 0 & -2 \end{pmatrix} \begin{pmatrix} x \\ y \end{pmatrix} = \begin{pmatrix} 2x + y \\ -2y \end{pmatrix}$$

よって，

$$x' = 2x + y, \qquad y' = -2y$$

の関係が成立します．これを，式(a)に代入すれば，

$$(2x + y)^2 + (-2y)^2 = 2^2$$

整理して，

$$4x^2 + 4xy + 5y^2 = 4 \tag{b}$$

式(b)に，

$$x^2 + axy + by^2 = 1 \tag{c}$$

を変形した

$$x^2 = 1 - axy - by^2$$

を代入して整理すれば，

$$(-4b + 5)y^2 + (4x - 4ax)y = 0 \tag{d}$$

式(d)がすべての y について成立するためには，両辺の係数を比較して，

$$-4b + 5 = 0 \quad \text{ゆえに，} \quad b = \frac{5}{4}$$

$$4x - 4ax = 0 \quad \text{ゆえに，} \quad a = 1$$

したがって，求める答えは，

$$a = 1, \quad b = \frac{5}{4}$$

となります．

　なお，a と b の値は，式(c)の両辺を 4 倍して式(b)と対比しても算定できます．

第 4 章

微　分

●代表的な関数の微分

代表的な関数の微分を以下に示します.

$y = x^n \quad \rightarrow \quad y' = nx^{n-1}$

$y = e^{mx} \quad \rightarrow \quad y' = e^{mx} \times (mx)' = me^{mx}$

$y = \log_e x \quad (x > 0) \quad \rightarrow \quad y' = \dfrac{1}{x} \times (x)' = \dfrac{1}{x}$

$y = \log_a x = \dfrac{\log_e x}{\log_e a} \quad (x, a > 0) \quad \rightarrow \quad y' = \dfrac{1}{x \log_e a}$

$y = \sin mx \quad \rightarrow \quad y' = m \cos mx$

$y = \cos mx \quad \rightarrow \quad y' = -m \sin mx$

$y = \tan mx \quad \rightarrow \quad y' = m \times \sec^2 mx = m \times \dfrac{1}{\cos^2 mx}$

●極　値

ある点の近傍における最大値または最小値のことをそれぞれ**極大値**,**極小値**といい,これらを併せて**極値**と総称しています.極値は局所的な概念であるため,ある点で極値をとってもその点が全域的な最大・最小値をとるとは限りませんが,極値自体が適当な区間における最大・最小値の候補と考えることができるため,関数の振る舞いを知る上で重要です.

ちなみに,$x = a$で極値をとるためには,$f(x)$をxの関数とした場合,図 4-1 からわかるように,

$$f'(a) = 0$$

でなければなりません.

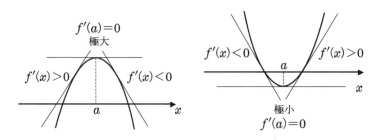

図 4-1　極大と極小

●3次関数の点対称性

3次関数のグラフは**変曲点**（凹凸の変わり目の点）に対して点対称で，特に，

$$y = f(x) = ax^3 + bx^2 + cx + d \qquad (a \neq 0)$$

の対称の中心の x 座標は，

$$f''(x) = 0$$

を解けば求めることができます。

参考までに，

$$y = x^3 - 3x^2$$

のグラフは図 4-2 のようになりますが，この関数において 2 点 A，B は変曲点 P(1, −2) に対して点対称であることがわかります。

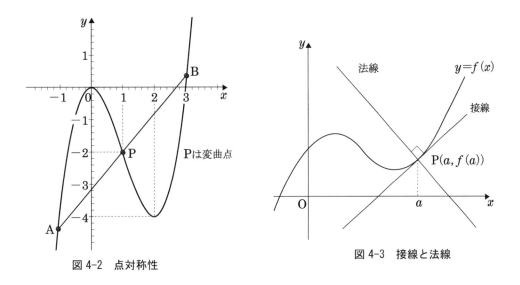

図 4-2　点対称性

図 4-3　接線と法線

●接線と法線の方程式

図 4-3 において，曲線 $y = f(x)$ 上の点 P$(a, f(a))$ における

① 接線の方程式は

$$y - f(a) = f'(a)(x - a)$$

② 法線の方程式は

$$y - f(a) = -\frac{1}{f'(a)}(x - a) \qquad (ただし，\ f'(a) \neq 0)$$

で表すことができます。

●定数係数の2階微分方程式

$a\dfrac{d^2y}{dx^2}+b\dfrac{dy}{dx}+cy=f(x)$ の一般解は，

$a\dfrac{d^2y}{dx^2}+b\dfrac{dy}{dx}+cy=0$ の一般解（斉次解）と $a\dfrac{d^2y}{dx^2}+b\dfrac{dy}{dx}+cy=f(x)$ の1つの特殊解

の和として与えられます．

(1) $a\dfrac{d^2y}{dx^2}+b\dfrac{dy}{dx}+cy=0$ の一般解（斉次解）

$y=e^{tx}$ (t は補助変数)を代入して整理すれば，

$$at^2+bt+c=0$$

ここで，上式の2根を t_1，t_2 とします．

① t_1，t_2 が実根のとき，一般解は，

$$y=C_1e^{t_1x}+C_2e^{t_2x}$$

と表されます．

② t_1，t_2 が虚根のときは，

$$t_1=\alpha+i\beta,\quad t_2=\alpha-i\beta$$

となり，**オイラーの公式**を利用すれば，一般解は，以下のように表されます．

$$y=C_1e^{t_1x}+C_2e^{t_2x}=C_1e^{(\alpha+i\beta)x}+C_2e^{(\alpha-i\beta)x}=e^{\alpha x}(C_1e^{i\beta x}+C_2e^{-i\beta x})$$

$$=e^{\alpha x}\{(C_1+C_2)\cos\beta x+i(C_1-C_2)\sin\beta x\}=e^{\alpha x}(A\cos\beta x+B\sin\beta x)$$

ただし，$C_1+C_2=A$，$i(C_1-C_2)=B$ （積分定数を A と B で記述）

③ $t_1=t_2$ （2重根）のときは，

$$y=e^{t_1x}$$

のほかに，

$$y=xe^{t_1x}$$

も1つの独立した解になることが知られていますので，一般解は，

$$y=C_1e^{t_1x}+C_2xe^{t_2x}=e^{t_1x}(C_1+C_2x)$$

と表されます．

(2) $a\dfrac{d^2y}{dx^2}+b\dfrac{dy}{dx}+cy=f(x)$ の1つの特殊解

$f(x)$ の形が

① 定数 k のときは，解の形を $y=A$

② αx^n の形のときは，解の形を $y=A_nx^n+A_{n-1}x^{n-1}+\cdots+A_1x+A_0$

③ αe^{kn} の形のときは，解の形を $y=Ae^{kn}$

④ $\alpha\sin kx$ または $\alpha\cos kx$ の形のときは，解の形を $y=A\cos kx+B\sin kx$

と仮定し，両辺の係数を比較すれば定数を求めることができます．

●偏微分

2 変数の関数 $z = f(x, y)$ に対して y を定数とみなして x について微分するときに得られるものを x についての**偏導関数**といい，$\dfrac{\partial}{\partial x} f(x, y)$ のように表します.

【問題 4.1】 関数 $f(x) = x^3 - ax^2 + bx - 3$ が $x = 1$，$x = 3$ で極値を持つとき，定数 a および b を求めなさい.

（労働基準監督官採用試験）

【解答】 関数 $f(x) = x^3 - ax^2 + bx - 3$ を 1 回微分すれば，
$$f'(x) = 3x^2 - 2ax + b$$
$x = 1$ と $x = 3$ で極値を持つ条件から，
$$f'(1) = 3 - 2a + b = 0 \tag{a}$$
$$f'(3) = 27 - 6a + b = 0 \tag{b}$$
ゆえに，式(a)と式(b)から，
$$a = 6, \quad b = 9$$
が得られます.

【問題 4.2】 $f(x) = ax^3 + bx^2 - 12x + 5$ が $x = -1$ で極大値をとり，$x = 2$ で極小値をとる場合，$f(1)$ の値を求めなさい.

（国家公務員 II 種試験「教養」）

【解答】 関数 $f(x) = ax^3 + bx^2 - 12x + 5$ を 1 回微分すれば，
$$f'(x) = 3ax^2 + 2bx - 12$$
$x = -1$ と $x = 2$ で極値（$x = -1$ で極大値，$x = 2$ で極小値）をとりますので，
$$f'(-1) = 3a - 2b - 12 = 0 \tag{a}$$
$$f'(2) = 12a + 4b - 12 = 0 \tag{b}$$
したがって，式(a)と式(b)から，
$$a = 2, \quad b = -3$$
ゆえに，
$$f(1) = a + b - 12 + 5 = 2 - 3 - 12 + 5 = -8$$
となります.

【問題 4.3】 $y = Ae^{-4x} + Be^{3x}$（A，Bは0でない定数）の導関数および2次導関数をそれぞれ y'，y''とすると，これらが満たす方程式は次のうちのどれか答えなさい．

1. $y'' - 4y' + 3y = 0$
2. $y'' - 3y' + 4y = 0$
3. $y'' + y' - 12y = 0$
4. $y'' + 3y' - 4y = 0$
5. $y'' + 4y' + 12y = 0$

（国家公務員一般職試験）

【解答】 yの導関数 y' と2次導関数 y''は，

$$y' = Ae^{-4x} \times (-4) + Be^{3x} \times 3 = -4Ae^{-4x} + 3Be^{3x}$$

$$y'' = -4Ae^{-4x} \times (-4) + 3Be^{3x} \times 3 = 16Ae^{-4x} + 9Be^{3x}$$

Ae^{-4x} と Be^{3x} の係数に着目すれば，正解は3の
$$y'' + y' - 12y = 0$$
であることがわかります．

【問題 4.4】方程式 $x^4 - \dfrac{4}{3}x^3 - 4x^2 + a = 0$ が 4 つの異なる実数解を持つとき，定数 a に関する必要十分条件を求めなさい．

（労働基準監督官採用試験）

【解答】方程式を

$$a = -x^4 + \frac{4}{3}x^3 + 4x^2$$

と変形し，右辺を

$$f(x) = -x^4 + \frac{4}{3}x^3 + 4x^2 \tag{a}$$

と置きます．ところで，式(a)を 1 回微分すれば，

$$f'(x) = -4x^3 + 4x^2 + 8x = -4x(x-2)(x+1)$$

$f'(x) = 0$ となる x の値は，

$$x = -1, \quad 0, \quad 2$$

ですので，$f(x)$ の極値は，

$$f(-1) = \frac{5}{3}, \quad f(0) = 0, \quad f(2) = \frac{32}{3}$$

となります．

したがって，解図（問題 4-4）を参照すれば，

$0 < a < \dfrac{5}{3}$ のときに，$y = f(x)$ と $y = a$ は 4 つの交点を生じ，4 つの異なる実数解を持つことがわかります．

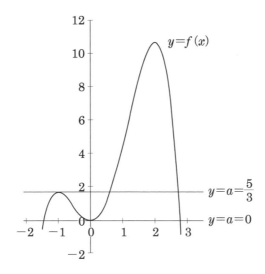

解図（問題 4-4）

【**問題 4.5**】直円柱の表面積を $96\pi\,[\mathrm{cm^2}]$ に保持したまま，直円柱の体積を最大にしたとき，その体積を求めなさい．

（国家公務員II種試験）

【**解答**】解図（問題 4-5）のように，直円柱の上面（底面）の半径を r，高さを h とすれば，直円柱の表面積（2×底面積＋側面積）S は，

$$S = 2\times\pi r^2 + 2\pi r\times h = 96\pi \quad \text{ゆえに，} \quad h = \frac{48}{r} - r$$

ところで，直円柱の体積 V は，

$$V = \pi r^2 \times h = \pi(48r - r^3)$$

体積を最大にする半径 r は，

$$\frac{dV}{dr} = \pi(48 - 3r^2) = 0$$

から $r = 4\,[\mathrm{cm}]$ となり，求める体積は，

$$V = \pi(48\times 4 - 4^3) = 128\pi\,[\mathrm{cm^3}]$$

となります．

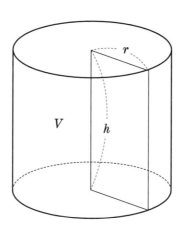

解図（問題 4-5）

【問題 4.6】図（問題 4-6）のように，円筒形で一定容積 V の水槽を薄い鉄板で作ります．水槽の上面，底面および側面を密閉するとき，鉄板の所要量を最小にする底面の半径 x と高さ h の比を求めなさい．

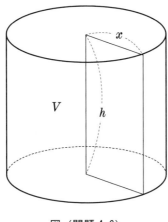

図（問題 4-6）

（国家公務員 II 種試験）

【解答】円筒の体積 V と表面積 S は，

$$V = \pi x^2 \times h \quad （底面積×高さ） \tag{a}$$

$$S = 2 \times \pi x^2 + 2\pi x \times h \quad （2×底面積＋側面積） \tag{b}$$

式(a)から得られる $h = \dfrac{V}{\pi x^2}$ を式(b)に代入すれば，

$$S = 2 \times \pi x^2 + 2\pi x \times \frac{V}{\pi x^2} = 2 \times \pi x^2 + \frac{2V}{x}$$

極値（鉄板の所要量が最小＝表面積 S が最小）をとるための条件である $\dfrac{dS}{dx} = 0$ より，

$$\frac{dS}{dx} = 4\pi x + 2V \times (-1)x^{-1-1} = 4\pi x - 2Vx^{-2} = 0 \quad ゆえに，\quad x = \left(\frac{V}{2\pi}\right)^{\frac{1}{3}} \tag{c}$$

この結果を式(a)に代入すれば，

$$h = \frac{V}{\pi} \times \left(\frac{V}{2\pi}\right)^{-\frac{2}{3}}$$

よって，

$$\frac{h}{x} = \frac{\dfrac{V}{\pi} \times \left(\dfrac{V}{2\pi}\right)^{-\frac{2}{3}}}{\left(\dfrac{V}{2\pi}\right)^{\frac{1}{3}}} = \frac{\left(\dfrac{V}{\pi}\right)^{\frac{3}{3}} \times \left(\dfrac{V}{2\pi}\right)^{-\frac{2}{3}}}{\left(\dfrac{V}{2\pi}\right)^{\frac{1}{3}}} = \frac{2 \times \left(\dfrac{V}{2\pi}\right)^{\frac{3}{3}} \times \left(\dfrac{V}{2\pi}\right)^{-\frac{2}{3}}}{\left(\dfrac{V}{2\pi}\right)^{\frac{1}{3}}} = 2$$

したがって，半径xと高さhの比は，

$$x : h = 1 : 2$$

となります．

【問題 4.7】 図（問題 4-7）のように，薄い鉄板を用いて上ぶたのない円筒（直円柱）形の容器を作ります．容積を一定に保ちながら，鉄板の使用量を最も少なくするとき，底面の半径rと高さhの比を求めなさい．ただし，鉄板の厚さは無視できるものとします．

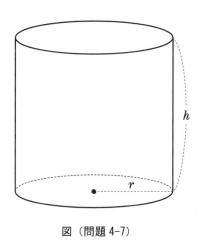

図（問題 4-7）

（国家公務員Ⅱ種試験）

【解答】 容積Vは，

$$V = \pi r^2 \times h$$

で求まりますので，高さhは，

$$h = \frac{V}{\pi r^2} \quad (V = 一定)$$

これを，表面積を求める式

$$S = \pi r^2 + 2\pi r \times h$$

に代入すれば，

$$S = \pi r^2 + 2\pi r \times \frac{V}{\pi r^2} = \pi r^2 + 2\frac{V}{r} = \pi r^2 + 2Vr^{-1}$$

表面積Sが最小となる条件 （$dS/dr = 0$)から，

$$\frac{dS}{dr} = 2\pi r + 2V(-1)r^{-2} = 2\pi r - \frac{2V}{r^2} = 0 \quad ゆえに，\ V = \pi r^3 \ (V = \pi r^2 h に等しい)$$

したがって，求める答えは，

$$r = h \quad (r : h = 1 : 1)$$

となります．

【問題 4.8】底面が正三角形で体積が 54 である三角柱の表面積が最小となるときの底面の一辺の長さを求めなさい.

(国家公務員一般職試験)

【解答】解図（問題 4-8）に示したように，一辺の長さを a，高さを h とすれば，

$$a \times \frac{\sqrt{3}}{2}a \times \frac{1}{2} \times h = 54 \quad \therefore h = \frac{4 \times 54}{\sqrt{3}a^2}$$

三角柱の表面積を S とすれば

$$S = a \times \frac{\sqrt{3}}{2}a \times \frac{1}{2} \times 2 + ah \times 3 = \frac{\sqrt{3}}{2}a^2 + 4 \times 54 \times \sqrt{3} \times \frac{1}{a}$$

なので，

$$\frac{dS}{da} = \sqrt{3}a + 4 \times 54 \times \sqrt{3} \times (-1)a^{-2} = 0 \quad \therefore a^3 = 4 \times 54 = 4 \times 6 \times 9 = 36 \times 6 = 6^3$$

したがって，求める答えは $a = 6$ となります.

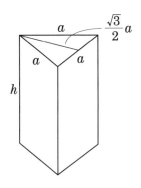

解図（問題 4-8）

【問題 4.9】xy 平面上の動点 $\mathrm{P}(x, y)$ の時刻 t における位置が $x = 3t - 1$，$y = -t^2 + 2t + 3$ と表されるとき，P の速さが最小となる t を求めなさい.

(国家公務員総合職試験[大卒程度試験])

【解答】x，y を時刻 t で微分して速度を求めると，

$$\frac{dx}{dt} = 3, \quad \frac{dy}{dt} = -2t + 2$$

したがって，P の速さ v は，

$$v = \sqrt{3^2 + (-2t+2)^2} = \sqrt{4t^2 - 8t + 13} = \sqrt{4(t-1)^2 + 9}$$

となり，$t=1$のときに最小となります．

【問題 4.10】 図 I のような縦の長さ 12，横の長さ 9 の封筒を点線に沿って図 II のように
折り，図 III のような直方体の形をした箱 ABCD－EFGH を作ります．この箱の容積が最
大になるような EF の長さを求めなさい．ただし，封筒の紙の厚みは無視します．

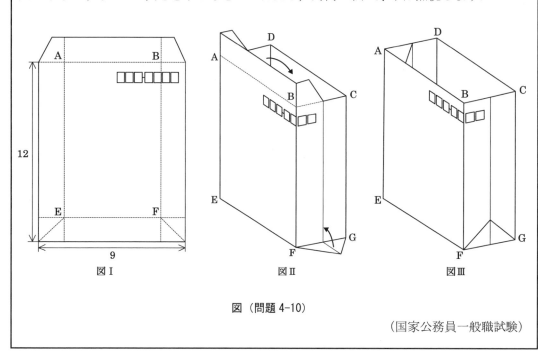

図（問題 4-10）

（国家公務員一般職試験）

【解答】 紙ではなく封筒であることに留意して下さい．直方体の奥行きを$2x$として体積Vを
求めれば，

$$V = (9-2x) \times 2x \times (12-x) = (18x - 4x^2)(12-x) = 216x - 18x^2 - 48x^2 + 4x^3$$

両辺をxで微分すれば，

$$\frac{dV}{dx} = 216 - 36x - 96x + 12x^2 = x^2 - 11x + 18 = (x-9)(x-2) = 0$$

$$\therefore x = 9 \text{ or } 2$$

したがって，求める答え（EF の長さ）は，

$$9 - 2 - 2 = 5$$

となります．

【問題 4.11】 半径 a の球に内接する直円柱の体積の最大値を求めなさい.

（国家公務員 II 種試験）

【解答】解図（問題 4-11）に示したように，直円柱の高さを $2h$，半径を r とすれば，直円柱の体積 V は，

$$V = \pi r^2 \times 2h \tag{a}$$

三平方の定理から，

$$a^2 = h^2 + r^2 \quad よって，\quad r = \sqrt{a^2 - h^2}$$

となりますので，式(a)に代入すれば，

$$V = \pi(a^2 - h^2) \times 2h = \pi(-2h^3 + 2ha^2) \tag{b}$$

極値（最大値）をとるための条件 $dV/dh = 0$ より，

$$\frac{dV}{dh} = \pi(-6h^2 + 2a^2) = 0 \quad ゆえに，\quad h = \frac{a}{\sqrt{3}} \tag{c}$$

式(c)を式(b)に代入すれば，直円柱の体積の最大値 $V_{\max}$ は，

$$V_{\max} = \frac{4}{9}\sqrt{3}\pi a^3$$

となります.

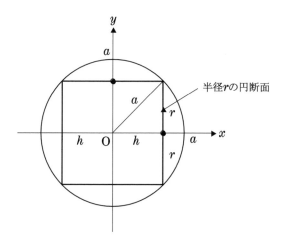

解図（問題 4-11）

【問題4.12】半径 a の球に外接する直円すいの体積が最小になるとき，直円すいの高さはいくらか求めなさい．

（国家公務員Ⅱ種試験）

【解答】解図（問題4-12）に示すように，直円すいの高さを h，底面の半径を r とします．$\triangle$AOD は直角三角形なので，**三平方の定理**より，

$$\overline{\mathrm{AD}}^2 + a^2 = (h-a)^2 \quad \text{ゆえに，} \quad \overline{\mathrm{AD}} = \sqrt{(h-a)^2 - a^2}$$

また，$\triangle$ABE も直角三角形なので，三平方の定理を適用すれば，

$$(\overline{\mathrm{AD}} + \overline{\mathrm{DB}})^2 = \overline{\mathrm{AE}}^2 + \overline{\mathrm{BE}}^2$$

ゆえに，

$$\left(\sqrt{(h-a)^2 - a^2} + r\right)^2 = h^2 + r^2 \quad \text{変形すれば，} \quad h(hr^2 - 2ar^2 - ha^2) = 0$$

$h > 0$ であることから，

$$h = \frac{2ar^2}{r^2 - a^2} \tag{a}$$

ところで，直円すいの体積 V（=底面積×高さ/3）は，

$$V = \frac{1}{3}\pi r^2 h = \frac{1}{3}\pi \frac{2ar^4}{r^2 - a^2} = \frac{1}{3}\pi \times 2ar^4 \times (r^2 - a^2)^{-1}$$

体積が最小になるための条件は $dV/dr = 0$ なので，

$$\frac{dV}{dr} = \frac{1}{3}\pi \left\{ 8ar^3 \times (r^2 - a^2)^{-1} + 2ar^4 \times (-1) \times (r^2 - a^2)^{-2} \times 2r \right\} = \frac{1}{3}\pi \times \frac{4ar^5 - 8a^3 r^3}{(r^2 - a^2)^2} = 0$$

したがって，$r = \sqrt{2}a$ となり，式(a)に代入すれば，

$$h = 4a$$

が得られます．

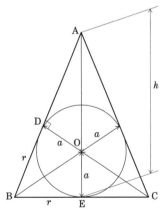

解図（問題4-12）

【問題 4.13】行列 $A = \begin{bmatrix} a & b \\ 0 & \dfrac{1}{a} \end{bmatrix}$ が $A^3 = \begin{bmatrix} a^3 & -1 \\ 0 & \dfrac{1}{a^3} \end{bmatrix}$ を満たすとき，b の最小値を求めなさい．ただし，$a \neq 0$ とします．

（労働基準監督官採用試験）

【解答】 A^2 と A^3 を求めれば，

$$A^2 = \begin{bmatrix} a & b \\ 0 & \dfrac{1}{a} \end{bmatrix}\begin{bmatrix} a & b \\ 0 & \dfrac{1}{a} \end{bmatrix} = \begin{bmatrix} a^2 & ab + \dfrac{b}{a} \\ 0 & \dfrac{1}{a^2} \end{bmatrix}$$

$$A^3 = \begin{bmatrix} a^2 & ab + \dfrac{b}{a} \\ 0 & \dfrac{1}{a^2} \end{bmatrix}\begin{bmatrix} a & b \\ 0 & \dfrac{1}{a} \end{bmatrix} = \begin{bmatrix} a^3 & a^2 b + b + \dfrac{b}{a^2} \\ 0 & \dfrac{1}{a^3} \end{bmatrix}$$

問題で与えられているように，$A^3 = \begin{bmatrix} a^3 & -1 \\ 0 & \dfrac{1}{a^3} \end{bmatrix}$ なので，1 行 2 列目の係数を比較すれば，

$$a^2 b + b + \frac{b}{a^2} = -1$$

整理して，

$$b = \frac{-1}{a^2 + 1 + \dfrac{1}{a^2}} = -\frac{a^2}{a^4 + a^2 + 1} = -a^2 \times (a^4 + a^2 + 1)^{-1} \tag{a}$$

となります．b の最小値を求めるために $\dfrac{db}{da} = 0$ を計算すれば，

$$\frac{db}{da} = -2a(a^4 + a^2 + 1)^{-1} - (a^4 + a^2 + 1)^{-2} \times (4a^3 + 2a) \times (-a^2) = 0$$

整理して

$$2a(a^4 - 1) = 0 \quad ゆえに，\quad a^2 = 1$$

式(a)に代入すれば，b の最小値は，

$$b = -\frac{a^2}{a^4 + a^2 + 1} = -\frac{1}{1 + 1 + 1} = -\frac{1}{3}$$

となります．

【問題 4.14】 関数 $y = x^3 + ax^2 + bx + c$ （a, b, c は実数の定数）は $x = -3$ で極値をとり，そのグラフは点 $(-1, 3)$ を通り，その点について対称です．このとき，$a + b + c$ の値を求めなさい．

（労働基準監督官採用試験）

【解答】 関数を 1 回微分すれば，

$$y' = 3x^2 + 2ax + b$$

となり，$x = -3$ で極値をとるので，

$$3 \times (-3)^2 + 2a \times (-3) + b = 27 - 6a + b = 0 \tag{a}$$

与えられた関数は点 $(-1, 3)$ を通ることから，

$$3 = (-1)^3 + a \times (-1)^2 + b \times (-1) + c \quad \text{ゆえに，} \quad a - b + c = 4 \tag{b}$$

グラフは点 $(-1, 3)$ について対称なので，対称の中心の x 座標は，

$$y'' = 6x + 2a = 0 \tag{c}$$

を解けば求めることができます．したがって，式(c)に $x = -1$ を代入すれば，

$$a = 3$$

が得られます．また，式(a)と式(b)から，

$$b = -9, \quad c = -8$$

が求まりますので，答えは，

$$a + b + c = 3 - 9 - 8 = -14$$

となります．

参考までに，この関数のグラフを示せば解図（問題 4-14）のようになります．

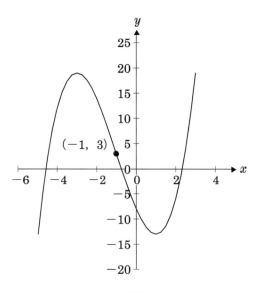

解図（問題 4-14）

【問題 4. 15】 xy 平面上の点 $(1, -1)$ から曲線 $y = \dfrac{1}{3}x^3 - x$ に傾きが正の接線を引いたとき，その傾きの大きさを求めなさい.

（国家公務員一般職試験）

【解答】 曲線 $y = \dfrac{1}{3}x^3 - x$ を微分すれば，

$$y' = x^2 - 1$$

それゆえ，$\left(a, \dfrac{a^3}{3} - a\right)$ を通る接線の方程式は，

$$y - \left(\dfrac{a^3}{3} - a\right) = \left(a^2 - 1\right)(x - a) \tag{a}$$

式(a)は点 $(1, -1)$ を通るので，

$$-1 - \left(\dfrac{a^3}{3} - a\right) = \left(a^2 - 1\right)(1 - a) \quad \therefore a^2\left(\dfrac{2}{3}a - 1\right) = 0$$

$a = \dfrac{3}{2}$ を接線の勾配である $(a^2 - 1)$ に代入すれば，

$$a^2 - 1 = \dfrac{9}{4} - 1 = \dfrac{5}{4}$$

$a = 0$ を接線の勾配である $(a^2 - 1)$ に代入すれば，

$$a^2 - 1 = 0 - 1 = -1$$

したがって，求める答えは，

$$\dfrac{5}{4}$$

となります.

【問題 4.16】2 曲線 $C_1 : y = (x-1)^2$, $C_2 : y = -x^2 + 4x - 4$ の共通接線の方程式を求めなさい.

【解答】曲線 C_1 上の点を $\mathrm{P}(a, (a-1)^2)$ とすれば,

$$y' = 2(x-1)(x-1)' = 2(x-1)$$

なので, 点 P における接線の方程式は,

$$y - (a-1)^2 = 2(a-1)(x-a) \quad \text{ゆえに,} \quad y = 2(a-1)x - a^2 + 1 \tag{a}$$

式(a)は曲線 C_2 の接線でもありますので, 式(a)と曲線 $C_2 : y = -x^2 + 4x - 4$ から y を消去して整理すれば,

$$x^2 + (2a-6)x - a^2 + 5 = 0$$

重解を持つ条件（接する条件）は判別式を D とすれば, $D = 0$ なので,

$$D = (2a-6)^2 - 4 \times 1 \times (-a^2 + 5) = 0$$

整理すれば,

$$a^2 - 3a + 2 = (a-2)(a-1) = 0$$

よって, $a = 1$, $a = 2$ となり, 共通接線の方程式は

$$y = 0, \quad y = 2x - 3$$

となります.

なお, この問題は以下のようにしても解くことができます. すなわち, 曲線 C_2 上の点を $\mathrm{Q}(b, -b^2 + 4b - 4)$ とすれば,

$$y' = -2x + 4$$

なので, 点 Q における接線の方程式は,

$$y - (-b^2 + 4b - 4) = (-2b + 4)(x - b)$$

ゆえに,

$$y = (-2b + 4)x + b^2 - 4 \tag{b}$$

式(a)と式(b)の接線は一致することから,

$$2(a-1) = -2b + 4$$

$$-a^2 + 1 = b^2 - 4$$

よって,

$$\begin{cases} a = 1 \\ b = 2 \end{cases}, \quad \begin{cases} a = 2 \\ b = 1 \end{cases}$$

したがって, 共通接線の方程式は,

$$y = 0, \quad y = 2x - 3$$

のように求まります.

【問題 4.17】 放物線 $y = \dfrac{1}{2}x^2$ と楕円 $x^2 + \dfrac{y^2}{3} = 1$ の両方に共通する接線の方程式を求めなさい.

(労働基準監督官採用試験)

【解答】放物線 $y = \dfrac{1}{2}x^2$ 上の点を $\mathrm{P}(a, a^2/2)$ とすれば,

$$y' = x$$

なので, 点 P における接線の方程式は,

$$y - \frac{a^2}{2} = a(x - a) \quad \text{ゆえに,} \quad y = ax - \frac{a^2}{2} \tag{a}$$

式(a)は楕円の接線でもありますので, 式(a)と楕円 $x^2 + \dfrac{y^2}{3} = 1$ から y を消去して整理すれば,

$$\left(1 + \frac{a^2}{3}\right)x^2 - \frac{a^3}{3}x + \frac{a^4}{12} - 1 = 0$$

重解を持つ条件は判別式を D とすれば, $D = 0$ なので,

$$D = \frac{a^6}{9} - 4 \times \left(1 + \frac{a^2}{3}\right)\left(\frac{a^4}{12} - 1\right) = 0$$

整理すれば,

$$a^4 - 4a^2 - 12 = (a^2 - 6)(a^2 + 2) = 0$$

よって, $a^2 = 6$ すなわち $a = \pm\sqrt{6}$ となり, 共通接線の方程式は,

$$y = \pm\sqrt{6}\,x - 3$$

となります [1].

---

1) この問題は, 楕円 $x^2 + \dfrac{y^2}{3} = 1$ 上の点を $Q\left(b, \pm\sqrt{3 - 3b^2}\right)$ として解くと面倒な計算が必要になりますので, 必ず判別式が $D = 0$ となる条件から解くようにしましょう.

【問題 4.18】xy 平面上において，t を媒介変数として $x = 2t^2 + 1$，$y = 3t^2 + 2t + 1$ で表される曲線上にある点（3，2）における接線の傾きを求めなさい．

（国家公務員一般職試験）

【解答】$\dfrac{dx}{dt} = 4t$，$\dfrac{dy}{dt} = 6t + 2$ ですので，

$$\frac{dy}{dx} = \frac{dy}{dt} \times \frac{dt}{dx} = (6t + 2) \times \frac{1}{4t} \tag{a}$$

一方，

$3 = 2t^2 + 1$ より

$2t^2 - 2 = 0$　∴　$3 = 2t^2 + 1$

$y = 3t^2 + 2t + 1$ より

$3t^2 + 2t - 1 = 0$　∴　$t = \dfrac{-2 \pm \sqrt{2^2 - 4 \times 3 \times (-1)}}{2 \times 3} = -1$　or　$\dfrac{1}{3}$

それゆえ，点（3，2）を定める媒介変数 $t = -1$ を式(a)に代入すれば，求める答えは，

$$\frac{dy}{dx} = (6t + 2) \times \frac{1}{4t} = \{6 \times (-1) + 2\} \times \frac{1}{4 \times (-1)} = 1$$

となります．

【問題 4.19】図（問題 4-19）のように，xy 平面上で，放物線 $y = \dfrac{1}{2}x^2$ に対して互いに直交する 2 本の接線を引き，その交点を P とします．このとき，P が描く軌跡の方程式を求めなさい．

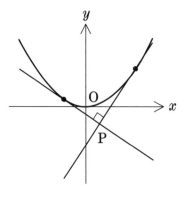

図（問題 4-19）

（国家公務員一般職試験）

【解答】点 $\left(\alpha, \dfrac{1}{2}\alpha^2\right)$ における接線の方程式は，傾きが α（$y' = x$ に α を代入した値）なので，

$$y = \alpha(x - \alpha) + \frac{1}{2}\alpha^2 = \alpha x - \frac{1}{2}\alpha^2 \tag{a}$$

点 $\left(\beta, \dfrac{1}{2}\beta^2\right)$ における接線の方程式は，傾きが β（$y' = x$ に β を代入した値）なので，

$$y = \beta(x - \beta) + \frac{1}{2}\beta^2 = \beta x - \frac{1}{2}\beta^2 \tag{b}$$

式(a)と式(b)が直交する条件は，

$$\alpha\beta = -1 \tag{c}$$

一方，2 本の接線の交点の座標は，

$$\alpha x - \frac{1}{2}\alpha^2 = \beta x - \frac{1}{2}\beta^2 \quad \therefore x = \frac{\alpha + \beta}{2}$$

と，

$$y = \alpha\left(\frac{\alpha + \beta}{2} - \alpha\right) + \frac{1}{2}\alpha^2 = \frac{\alpha\beta}{2}$$

となります．また，α と β が式(c)の直交条件を満たしながら変化するとき，交点は，

$$(X, Y) = \left(\frac{\alpha + \beta}{2}, \frac{\alpha\beta}{2}\right) = \left(\frac{\alpha + \beta}{2}, -\frac{1}{2}\right)$$

となり，Y は $-\dfrac{1}{2}$ で確定していることがわかります．したがって，交点 P が描く軌跡（求める答え）は，$y = -\dfrac{1}{2}$ 上にあることがわかります．

【問題 4.20】 図（問題 4-20）のように，曲線 $C : f(x) = x^3 - 3x^2 + 5x$ 上の点 $\mathrm{P}(p, f(p))$ を通り，曲線 C と異なる 2 点 $\mathrm{A}(a, f(a))$，$\mathrm{B}(b, f(b))$ で交わる直線を ℓ とします．ℓ にかかわらず，交点 A，B における曲線 C の接線が必ず平行になるとき，点 P の座標は次のどれか答えなさい.

1.　$(-2, -30)$　　　2.　$(-1, -9)$　　　3.　$(0, 0)$　　　4.　$(1, 3)$　　　5.　$(2, 6)$

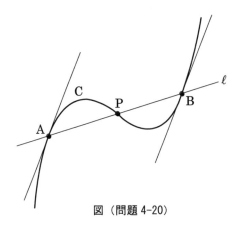

図（問題 4-20）

（労働基準監督官採用試験）

【解答】関数 $f(x) = x^3 - 3x^2 + 5x$ を 1 回微分すれば，

$$f'(x) = 3x^2 - 6x + 5$$

交点 A，B における曲線 C の接線が必ず平行になるという条件から，2 つの傾きが等しくないといけません．すなわち，

$$3a^2 - 6a + 5 = 3b^2 - 6b + 5 \quad \text{変形して，} \quad 3b^2 - 3a^2 = 6b - 6a$$

ゆえに，$3(b+a)(b-a) = 6(b-a)$ となって，

$$b + a = 2$$

したがって，点 A を原点と考えて，$\mathrm{A}(a, f(a)) = \mathrm{A}(0, 0)$ とすれば，

$$\mathrm{B}(b, f(b)) = \mathrm{B}(2, 2^3 - 3 \times 2^2 + 5 \times 2) = \mathrm{B}(2, 6)$$

となり，直線 ℓ は，

$$y = \frac{6}{2-0} x = 3x$$

となります．

　一方，点 P は曲線 C と直線 ℓ 上の点であることから，

$$p^3 - 3p^2 + 5p = 3p$$

が成立し，

$$p^3 - 3p^2 + 2p = p(p-2)(p-1) = 0 \quad \text{ゆえに，} \quad p = 1$$

（$p = 0$ だと点 P と点 A が等しくなり，$p = 2$ だと点 P と点 B が等しくなってしまう）

したがって，点 P の y 座標である $f(1)$ は，

$$f(1) = 1^3 - 3 \times 1^2 + 5 \times 1 = 3 \quad (\text{または，} y = 3 \times 1 = 3)$$

以上より，求める答えは，4 の $(1, 3)$ であることがわかります.

【問題 4.21［やや難］】 微分方程式

$$\frac{d^2 f(x)}{dx^2} + f(x) = \sin 2x \qquad ①$$

について，

$$f(0) = 0, \quad \frac{df(x)}{dx}\Big|_{x=0} = \frac{1}{3}$$

を満たす解のグラフとして妥当なものを図（問題 4-21）から選びなさい. なお，微分方程式①の一般解は

$$\frac{d^2 f(x)}{dx^2} + f(x) = 0$$

の一般解と①の特解の和であり，$f(x) = -\dfrac{1}{3}\sin 2x$ は①の特解です.

1.
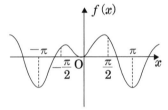

2.
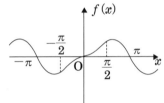

3.
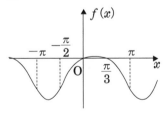

4.
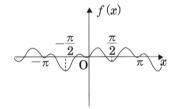

5.
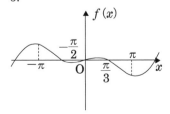

図（問題 4-21）

（国家公務員 I 種試験）

【解答】 まず，

$$\frac{d^2 f(x)}{dx^2} + f(x) = 0$$

の一般解（式①の右辺を 0 と置いた式の斉次解）を求めるために，

$$f(x) = e^{tx}$$

とおけば，

$$\frac{d^2 f(x)}{dx^2} = t^2 e^{tx}$$

なので，

$$t^2 = -1 \quad ゆえに，\quad t = \pm i$$

となります．したがって，**オイラーの公式**（第 1 章を参照）を適用すれば，

$$f(x) = C_1 e^{t_1 x} + C_2 e^{t_2 x} = C_1 e^{i_1 x} + C_2 e^{-ix} = C_1(\cos x + i \sin x) + C_2(\cos x - i \sin x)$$
$$= (C_1 + C_2)\cos x + i(C_1 - C_2)\sin x = A\cos x + B\sin x \tag{a}$$

$$ここに，\quad A = C_1 + C_2，\quad B = i(C_1 - C_2) です．$$

ところで，$f(0) = 0$ なので，

$$f(0) = A\cos 0 + B\sin 0 = A = 0$$

$\frac{df(x)}{dx}\big|_{x=0} = \frac{1}{3}$ なので，

$$\frac{df(x)}{dx}\Big|_{x=0} = -A\sin 0 + B\cos 0 - \frac{1}{3} \times 2\cos(2 \times 0) = B - \frac{2}{3} = \frac{1}{3}$$

$$ゆえに，\quad B = 1$$

したがって，式①の一般解は，

$$f(x) = \sin x - \frac{1}{3}\sin 2x \quad (x = \pi/2 で正，\ x = \pi で 0)$$

となり，これを表すグラフは 2 であることがわかります．

【問題 4.22】 $\phi(x,\,y) = \dfrac{1}{2}\ln(x^2 + y^2)\ (x^2 + y^2 \neq 0)$, $w(x,\,y) = \dfrac{\partial^2\phi}{\partial x^2} + \dfrac{\partial^2\phi}{\partial y^2}$ とするとき, $w(1,2)$

の値を求めなさい

（国家公務員 I 種試験）

【解答】 対数の微分は,

$$\{\ln(f(x))\}' = \frac{1}{f(x)} \cdot f'(x)$$

で求められます. したがって, **偏微分**を行えば,

$$\frac{\partial\phi}{\partial x} = \frac{1}{2} \times \frac{2x}{x^2 + y^2},$$

$$\frac{\partial^2\phi}{\partial x^2} = \frac{1}{2} \times (2x)'\frac{1}{x^2 + y^2} + \frac{1}{2} \times 2x \times \left\{(x^2 + y^2)^{-1}\right\}' = \frac{1}{x^2 + y^2} - \frac{2x^2}{(x^2 + y^2)^2} = \frac{y^2 - x^2}{(x^2 + y^2)^2}$$

$$\frac{\partial^2\phi}{\partial y^2} = \frac{x^2 - y^2}{(y^2 + x^2)^2} \qquad (\partial^2\phi/\partial x^2 \text{ において } x \text{ と } y \text{ を入れ替えた値になる})$$

となりますので, 求める答えは,

$$w(1,2) = \frac{2^2 - 1^2}{(1^2 + 2^2)^2} + \frac{1^2 - 2^2}{(2^2 + 1^2)^2} = \frac{0}{25} = 0$$

となります.

第5章

積　分

●代表的な関数の不定積分

代表的な関数の不定積分を以下に示します.

$$\int \frac{1}{x} dx = \log_e x = \ln x \qquad (x > 0)$$

$$\int \frac{1}{a+bx} dx = \frac{1}{b} \log_e(a+bx) = \frac{1}{b} \ln(a+bx) \qquad (a+bx > 0)$$

$$\int x^n dx = \frac{x^{n+1}}{n+1} \qquad (n \neq -1)$$

$$\int e^{mx} dx = \frac{e^{mx}}{m} \qquad (m \neq 0)$$

$$\int \sin mx\,dx = -\frac{1}{m} \cos mx \qquad (m \neq 0)$$

$$\int \cos mx\,dx = \frac{1}{m} \sin mx \qquad (m \neq 0)$$

$$\int \sin^2 x\,dx = \frac{x}{2} - \frac{1}{4} \sin 2x \qquad (\sin^2 x = \frac{1-\cos 2x}{2} \text{ の積分})$$

$$\int \cos^2 dx = \frac{x}{2} + \frac{1}{4} \sin 2x \qquad (\cos^2 x = \frac{1+\cos 2x}{2} \text{ の積分})$$

$$\int x \sin x\,dx = \sin x - x \cos x \qquad (\text{部分積分法}^{1)})$$

$$\int x \cos x\,dx = \cos x + x \sin x \qquad (\text{部分積分法})$$

---

1) **積の微分公式**である $(uv)' = u'v + uv'$ の関係から, $uv' = (uv)' - u'v$ となります. それゆえ, 両辺を積分すれば,

$$\int uv'dx = uv - \int u'vdx$$

ここで, $u = x$, $v' = \sin x$ （$v = -\cos x$） とおけば,

$$\int x \sin x\,dx = x \times (-1)\cos x - \int 1 \times (-1)\cos x\,dx = \sin x - x \cos x$$

が得られます. 同様に, $u = x$, $v' = \cos x$ （$v = \sin x$） とおけば,

$$\int x \cos x\,dx = x \times \sin x - \int 1 \times \sin x\,dx = x \sin x + \cos x$$

となります.

●**曲線の長さ**

図 5-1 からわかるように，関数 $y = f(x)$ が区間 $[a,b]$ に描く曲線の長さ L は，

$$L = \int_a^b dL = \int_a^b \sqrt{(dx)^2 + (dy)^2} = \int_a^b \sqrt{1 + \left(\frac{dy}{dx}\right)^2}\, dx = \int_a^b \sqrt{1 + \{f'(x)\}^2}\, dx$$

で求めることができます．

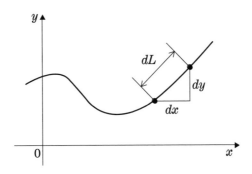

図 5-1　曲線の長さ

【問題 5.1】 不定積分 $\int \sin^3 x\, dx$ を求めなさい．

【解答】 $\sin^2 x + \cos^2 x = 1$ なので，

$$\int \sin^3 x\, dx = \int \sin^2 x \times \sin x\, dx = \int (1 - \cos^2 x) \times \sin x\, dx$$

$\cos x = t$ とおけば，

$$-\sin x = dt / dx$$

ですので，C を積分定数とすれば，

$$\int (1 - \cos^2 x) \times \sin x\, dx = \int (1 - t^2) \times (-dt) = \int (t^2 - 1) \times dt = \frac{1}{3}t^3 - t + C = \frac{1}{3}\cos^3 x - \cos x + C$$

となります．

【問題 5.2】$\int_0^{n\pi}\left|\sqrt{3}\sin\theta-\cos\theta\right|d\theta$ の値として正しいものを解答群から選択しなさい. ただし, n は正の整数とします.

1. $\dfrac{5\sqrt{3}}{3}n$　　2. $2\sqrt{3}n$　　3. $\dfrac{7}{2}n$　　4. $\dfrac{9\sqrt{3}}{4}n$　　5. $4n$

（国家公務員一般職試験）

【解答】n は正の整数なので, $n=1$ の場合について考えることにします. まず, 絶対値記号を外します.

$\sqrt{3}\sin\theta-\cos\theta\geqq0$ すなわち $\tan\theta\geqq\dfrac{1}{\sqrt{3}}$　$\therefore\theta\geqq\dfrac{\pi}{6}$ ならば, $\left|\sqrt{3}\sin\theta-\cos\theta\right|=\sqrt{3}\sin\theta-\cos\theta$

$\sqrt{3}\sin\theta-\cos\theta<0$ すなわち $\tan\theta<\dfrac{1}{\sqrt{3}}$　$\therefore\theta<\dfrac{\pi}{6}$ ならば, $\left|\sqrt{3}\sin\theta-\cos\theta\right|=\cos\theta-\sqrt{3}\sin\theta$

それゆえ,

$$\int_0^{\pi}\left|\sqrt{3}\sin\theta-\cos\theta\right|d\theta=\int_0^{\frac{\pi}{6}}\left(\cos\theta-\sqrt{3}\sin\theta\right)d\theta+\int_{\frac{\pi}{6}}^{\pi}\left(\sqrt{3}\sin\theta-\cos\theta\right)d\theta$$

$$=\left|\sin\theta+\sqrt{3}\cos\theta\right|_0^{\frac{\pi}{6}}+\left|-\sqrt{3}\cos\theta-\sin\theta\right|_{\frac{\pi}{6}}^{\pi}=\left(\frac{1}{2}+\sqrt{3}\times\frac{\sqrt{3}}{2}-0-\sqrt{3}\right)+\left(\sqrt{3}-0+\sqrt{3}\times\frac{\sqrt{3}}{2}+\frac{1}{2}\right)$$

$$=4$$

となります.

　したがって, 求める答えは 5（解答群において $n=1$ を代入すると 4）となります.

【問題 5.3】 不定積分 $\displaystyle\int \frac{e^{2x}}{(e^x+1)^2}dx$ を求めなさい.

【解答】 $e^x+1=t$ と置いて微分すれば,

$$e^x = \frac{dt}{dx} \qquad \text{すなわち} \quad e^x\frac{dx}{dt}=1$$

ですので, C を積分定数とすれば,

$$\int \frac{e^{2x}}{(e^x+1)^2}dx = \int \frac{e^{2x}}{t^2}\times\frac{1}{e^x}dt = \int \frac{e^x}{t^2}dt = \int \frac{t-1}{t^2}dt = \int \frac{1}{t}dt - \int \frac{1}{t^2}dt$$

$$= \int \frac{1}{t}dt - \int \frac{1}{t^2}dt = \log_e t - \frac{t^{-2+1}}{-2+1}+C = \log_e(1+e^x)+\frac{1}{e^x+1}+C \qquad (\because\ t=e^x+1>0)$$

となります.

【問題 5.4】 次の定積分の値を求めなさい.

(1) $\displaystyle\int_0^1 \frac{dx}{\sqrt{4-x^2}}$ 　　　　　　　　　　(2) $\displaystyle\int_1^{\sqrt{3}} \frac{dx}{3+x^2}$

【解答】 (1) $\sqrt{a^2-x^2}$ は $x=a\sin\theta$ と置くのが定石です. したがって, $x=2\sin\theta$ とおけば,

$$\frac{dx}{d\theta}=2\cos\theta$$

ところで, $0\leqq x \leqq 1$ （$0\leqq 2\sin\theta \leqq 1$）は $0\leqq\theta\leqq\pi/6$ に対応しますので,

$$\int_0^1 \frac{dx}{\sqrt{4-x^2}} = \int_0^{\pi/6}\frac{1}{\sqrt{4(1-\sin^2\theta)}}2\cos\theta\cdot d\theta = \int_0^{\pi/6}d\theta = \frac{\pi}{6}$$

$$(\because\ \sin^2\theta+\cos^2\theta=1)$$

となります.

(2) $\dfrac{1}{x^2+a^2}$ は $x=a\tan\theta$ と置くのが定石です. したがって, $x=\sqrt{3}\tan\theta$ とおけば,

$$\frac{dx}{d\theta}=\sqrt{3}\times\frac{1}{\cos^2\theta}$$

ところで, $1\leqq x\leqq\sqrt{3}$ （$1\leqq\sqrt{3}\tan\theta\leqq\sqrt{3}$）は $\pi/6\leqq\theta\leqq\pi/4$ に対応しますので,

$$\int_1^{\sqrt{3}}\frac{dx}{3+x^2} = \int_{\pi/6}^{\pi/4}\frac{1}{3(1+\tan^2\theta)}\times\sqrt{3}\times\frac{1}{\cos^2\theta}d\theta = \int_{\pi/6}^{\pi/4}\frac{\sqrt{3}}{3}d\theta = \frac{\sqrt{3}}{36}\pi$$

$$(\because\ \sin^2\theta+\cos^2\theta=1 \text{から} \tan^2\theta+1=1/\cos^2\theta)$$

となります.

【問題 5.5】 $\int_0^1 x^3 \left(x^2-1\right)^8 dx$ の値を求めなさい.

（国家公務員一般職試験）

【解答】 $x^2-1=t$ と置いて両辺を x で微分すれば,

$$2x = \frac{dt}{dx}$$

ところで, $0 \leqq x \leqq 1$ は $-1 \leqq t \leqq 0$ に対応しますので, 求める答えは,

$$\int_0^1 x^3 \left(x^2-1\right)^8 dx = \int_{-1}^0 \frac{1}{2}(t+1)t^8 dt = \int_{-1}^0 \frac{1}{2}\left(t^9+t^8\right)dt = \frac{1}{2}\left[\frac{t^{10}}{10}+\frac{t^9}{9}\right]_{-1}^0 = \frac{1}{180}$$

となります.

【問題 5.6】 $\int_1^e \frac{\log_e x}{x}dx$ の値を求めなさい.

（労働基準監督官採用試験）

【解答】積の微分公式である $(uv)'=u'v+uv'$ の関係から, $uv'=(uv)'-u'v$ となります. それゆえ, 両辺を積分すれば,

$$\int uv'dx = uv - \int u'vdx$$

ここで, $u=\log_e x$, $v'=\frac{1}{x}$ $\left(v=\int \frac{1}{x}dx = \log_e x\right)$ とおけば,

$$\int_1^e \frac{\log_e x}{x}dx = \left[\log_e x \times \log_e x\right]_1^e - \int_1^e \frac{\log_e x}{x}dx \quad \therefore 2\int_1^e \frac{\log_e x}{x}dx = 1$$

したがって, 求める答えは,

$$\int_1^e \frac{\log_e x}{x}dx = \frac{1}{2}$$

となります.

【問題 5.7】 定積分 $\int_{-5}^{5}\left(12x^2 \sin\dfrac{\pi x}{2} - 12x^3 + 3x^2\right)dx$ の値を求めなさい.

（国家公務員一般職試験）

【解答】 まず, $\int_{-5}^{5}\left(-12x^3 + 3x^2\right)dx$ について計算すれば,

$$\int_{-5}^{5}\left(-12x^3 + 3x^2\right)dx = \left[-12 \times \frac{x^4}{4} + 3 \times \frac{x^3}{3}\right]_{-5}^{5} = 250$$

となります. 次に, 部分積分法を適用して, $\int_{-5}^{5} 12x^2 \sin\dfrac{\pi x}{2}\,dx$ を計算します. $\int uv'dx = uv - \int u'v\,dx$ において,

$$u = 12x^2, \quad v' = \sin\frac{\pi x}{2}$$

とすれば,

$$\int_{-5}^{5} 12x^2 \sin\frac{\pi x}{2}\,dx = \left[12x^2 \times \left(-\frac{1}{\pi/2}\right)\cos\frac{\pi x}{2}\right]_{-5}^{5} - \int_{-5}^{5} 24x\left(-\frac{1}{\pi/2}\cos\frac{\pi x}{2}\right)dx$$

$$= 0 - \int_{-5}^{5} 24x\left(-\frac{1}{\pi/2}\cos\frac{\pi x}{2}\right)dx = \int_{-5}^{5} \frac{48x}{\pi} \times \cos\frac{\pi x}{2}\,dx$$

ここで,

$$u = \frac{48}{\pi}x, \quad v' = \cos\frac{\pi x}{2}$$

とすれば,

$$\int_{-5}^{5} \frac{48x}{\pi} \times \cos\frac{\pi x}{2}\,dx = \left[\frac{48x}{\pi} \times \left(\frac{1}{\pi/2}\sin\frac{\pi x}{2}\right)\right]_{-5}^{5} - \int_{-5}^{5} \frac{48}{\pi} \times \left(\frac{1}{\pi/2}\sin\frac{\pi x}{2}\right)dx$$

$$= \frac{96}{\pi^2}\left[5 \times 1 - (-5) \times (-1)\right] - \frac{96}{\pi^2}\left[\frac{2}{\pi}(-1)\cos\frac{\pi x}{2}\right]_{-5}^{5} = 0 - 0 = 0$$

したがって, 求める答えは 250 になります.

【問題 5.8】重積分 $\iint_D xy\,dxdy$ を求めなさい．ただし，$D = \left\{(x,y)\,\middle|\,0 \le x \le 1,\ 0 \le y \le x\right\}$ とします．

(国家公務員一般職試験)

【解答】$D = \left\{(x,y)\,\middle|\,0 \le x \le 1,\ 0 \le y \le x\right\}$ なので，

$$\int_0^1\!\!\int_0^x xy\,dxdy = \int_0^1 x \times \frac{x^2}{2}\,dx = \frac{1}{2} \times \frac{1}{4}\left[x^4\right]_0^1 = \frac{1}{8}$$

となります．

【問題 5.9】xy 平面上において，曲線 $y = \dfrac{2}{x^2+4x+3}$，直線 $x = 0$，$x = 1$ および x 軸で囲まれた部分の面積 A を求めなさい．

(国家公務員一般職試験)

【解答】この問題の答えは，

$$A = \int_0^1 \frac{2}{x^2+4x+3}\,dx$$

を解けばよいとわかると思います．ところで，部分分数分解を適用すれば，

$$\frac{2}{x^2+4x+3} = \frac{2}{(x+2)^2-1} = \frac{2}{(x+3)(x+1)} = \frac{a}{x+3} + \frac{b}{x+1}$$

から，

$$2 = (a+b)x + a + 3b$$

両辺の係数を比較すれば，

$$a+b = 0, \quad a+3b = 2$$

係数 a, b を求めれば，

$$a = -1, \quad b = 1$$

となります．

したがって，求める答えは，

$$A = \int_0^1 \frac{2}{x^2+4x+3}\,dx = -\int_0^1 \frac{1}{x+3}\,dx + \int_0^1 \frac{1}{x+1}\,dx = -\left[\log_e(x+3)\right]_0^1 + \left[\log_e(x+1)\right]_0^1$$

$$-\log_e 4 + \log_e 3 + \log_e 2 - \log_e 1 = \log_e 3 - \log_e 2 = \log_e \frac{3}{2}$$

となります．

【問題 5.10】 曲線 $y = x\sqrt{x}$ （$0 \leqq x \leqq 4$）に対応する弧の長さ s を求めなさい．

【解答】 $y = x\sqrt{x} = x^{3/2}$ ですので，

$$\frac{dy}{dx} = \frac{3}{2} \times x^{1/2}$$

したがって，

$$\left(\frac{dy}{dx}\right)^2 = \frac{9}{4}x$$

よって，求める弧の長さ s は，

$$s = \int_0^4 \sqrt{1 + \left(\frac{dy}{dx}\right)^2}\,dx = \int_0^4 \sqrt{1 + \frac{9}{4}x}\,dx = \left[\frac{1}{\left(1 + \frac{9}{4}x\right)'} \times \frac{\left(1 + \frac{9}{4}x\right)^{\frac{1}{2}+1}}{1/2 + 1}\right]_0^4 = \left[\frac{4}{9} \times \frac{2}{3}\left(1 + \frac{9}{4}x\right)^{\frac{3}{2}}\right]_0^4$$

$$= \frac{8}{27}\left(10\sqrt{10} - 1\right)$$

となります．

【問題 5.11】 曲線 $y = \dfrac{x^2}{2} - \dfrac{\log_e x}{4}$ （$1 \leqq x \leqq e$）の長さを求めなさい．なお，曲線 $y = f(x)$ （$a \leqq x \leqq b$）の長さ s は次式で求められます．

$$s = \int_a^b \sqrt{1 + \left(\frac{dy}{dx}\right)^2}\,dx$$

（国家公務員 II 種試験）

【解答】 この問題では，以下の微分と積分に関する公式を用います．

$$(\log_e x)' = \frac{1}{x}, \quad \int \frac{1}{x}\,dx = \log_e x$$

具体的に計算すれば，

$$\frac{dy}{dx} = x - \frac{1}{4x} \quad \text{ゆえに，} \quad \left(\frac{dy}{dx}\right)^2 = \left(x - \frac{1}{4x}\right)^2 = x^2 - \frac{1}{2} + \frac{1}{16}x^{-2}$$

したがって，

$$1 + \left(\frac{dy}{dx}\right)^2 = x^2 + \frac{1}{2} + \frac{1}{16}x^{-2} = \left(x + \frac{1}{4x}\right)^2$$

ゆえに，求める答えは，

$$s = \int_1^e \sqrt{1 + \left(\frac{dy}{dx}\right)^2}\, dx = \int_1^e \left(x + \frac{1}{4x}\right)dx = \left[\frac{x^2}{2} + \frac{1}{4}\log_e x\right]_1^e = \frac{e^2}{2} + \frac{1}{4} - \frac{1}{2} = \frac{e^2}{2} - \frac{1}{4}$$

（積分する区間は$1 \leqq x \leqq e$）

となります．

【問題 5.12】 曲線 $y = f(x)$（$a \leqq x \leqq b$）の長さ s は次式で表されます．

$$s = \int_a^b \sqrt{1 + \left(\frac{dy}{dx}\right)^2}\, dx$$

図（問題 5-12）のように，$y = \frac{1}{3}(x^2 + 2)^{3/2} - \frac{8}{3}$ と x 軸で囲まれた部分（アミかけ部分）の周の長さを求めなさい．

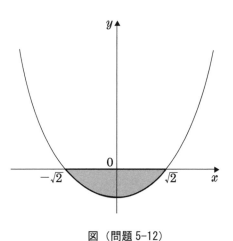

図（問題 5-12）

（国家公務員 II 種試験）

【解答】 $y = \frac{1}{3}(x^2 + 2)^{3/2} - \frac{8}{3}$ を 1 回微分すれば，

$$\frac{dy}{dx} = \frac{1}{3} \times \frac{3}{2}(x^2 + 2)^{3/2-1} \times (x^2 + 2)' = \frac{1}{3} \times \frac{3}{2}(x^2 + 2)^{1/2} \times 2x = x(x^2 + 2)^{1/2}$$

したがって，

$$\left(\frac{dy}{dx}\right)^2 = x^2(x^2+2)$$

よって,

$$s = \int_{-\sqrt{2}}^{\sqrt{2}} \sqrt{1+\left(\frac{dy}{dx}\right)^2}\,dx = 2\int_0^{\sqrt{2}} \sqrt{1+x^2(x^2+2)}\,dx = 2\int_0^{\sqrt{2}} \sqrt{(x^2+1)^2}\,dx = 2\int_0^{\sqrt{2}} (x^2+1)\,dx$$

$$= 2\left[\frac{x^3}{3}+x\right]_0^{\sqrt{2}} = \frac{10}{3}\sqrt{2}$$

ゆえに,斜線部分の周の長さは,

$$\frac{10}{3}\sqrt{2} + 2\sqrt{2} = \frac{16}{3}\sqrt{2}$$

となります.

【**問題 5.13**】図(問題 5-13)は,曲線 $y = \sin \pi x + (ax+b)$ (ただし,a,bは定数)を示したものです.このとき,図(問題 5-13)の曲線と x 軸,y 軸とで囲まれたアミかけ部分の面積 S を求めなさい.

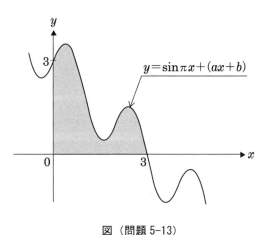

$y = \sin \pi x + (ax+b)$

図(問題 5-13)

(国家公務員 II 種試験)

【**解答**】図(問題 5-13)からわかるように,$y = \sin \pi x + (ax+b)$ に,

$x = 0$ を代入すれば $y = 3$ となりますので,$b = 3$

$y = 0$ を代入すれば $x = 3$ となりますので,$0 = \sin 3\pi + 3a + 3$ ゆえに,$a = -1$

したがって,面積 S は,

$$S = \int_0^3 (\sin \pi x - x + 3) dx = \left[-\frac{\cos \pi x}{\pi} - \frac{x^2}{2} + 3x \right]_0^3 = \frac{9}{2} + \frac{2}{\pi}$$

$$\left(\because \int \sin mx\, dx = -\frac{1}{m} \cos mx \right)$$

と求まります.

【問題 5.14】 図（問題 5-14）に示す曲線 $y = \cos x + 1$（$0 \leqq x \leqq \pi$）と，x 軸，y 軸で囲まれるアミかけ部の領域を，x 軸まわりに回転させてできる立体の体積を求めなさい.

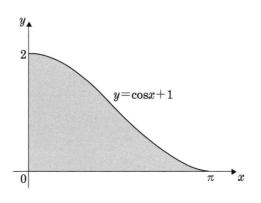

図（問題 5-14）

（国家公務員 II 種試験）

【解答】 この問題では，以下に示す公式を用います.

$$\cos^2 \theta = \frac{1 + \cos 2\theta}{2}, \qquad \int \cos mx\, dx = \frac{1}{m} \sin mx$$

$dV = \pi y^2 dx$ なので，立体の体積 V は，

$$V = \int_0^\pi \pi y^2 dx = \pi \int_0^\pi (\cos x + 1)^2 dx = \pi \int_0^\pi (\cos^2 x + 2\cos x + 1) dx$$

$$= \pi \int_0^\pi \left(\frac{1 + \cos 2x}{2} + 2\cos x + 1 \right) dx = \pi \left[\frac{1}{2}x + \frac{\sin 2x}{4} + 2\sin x + x \right]_0^\pi = \frac{3}{2}\pi^2$$

となります.

【問題 5.15】図（問題 5-15）のように，曲線 $y = x^2$（$x \geqq 0$）上にあって，定点 A$(0, 2)$からの距離が最小となる点を P とするとき，この曲線と線分 AP，および y 軸により囲まれるアミかけ部分の面積を求めなさい．

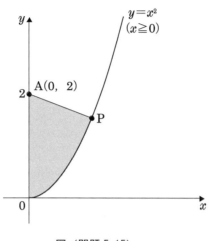

$y = x^2$
$(x \geqq 0)$

A$(0, 2)$

P

図（問題 5-15）

（労働基準監督官採用試験）

【解答】解図（問題 5-15）を参照すれば，**三平方の定理**より，

$$\overline{\mathrm{AP}} = \sqrt{x_P{}^2 + (2 - x_P{}^2)^2} = \left(x_P{}^4 - 3x_P{}^2 + 4\right)^{1/2}$$

線分 AP が最小となる条件は $\dfrac{d(\overline{\mathrm{AP}})}{dx_P} = 0$ なので，

$$\frac{d(\overline{\mathrm{AP}})}{dx} = \frac{1}{2}\left(x_P{}^4 - 3x_P{}^2 + 4\right)^{-1/2} \times \left(4x_P{}^3 - 6x_P\right) = \frac{1}{2} \times \frac{2x_P(2x_P{}^2 - 3)}{\sqrt{x_P{}^4 - 3x_P{}^2 + 4}} = 0$$

ゆえに，

$$x_P = \sqrt{3/2} \qquad (\because \ x_P > 0)$$

したがって，$y_P = x_P{}^2 = 3/2$ となり，

$$アミかけ部分の面積 = \frac{\sqrt{3/2} \times (2.0 - 1.5)}{2} \quad （三角形の面積）$$

$$+ \int_0^{\sqrt{3/2}} \left(3/2 - x^2\right) dx \quad \left(y = \frac{3}{2} \ と \ y = x^2 \ で囲まれた部分の面積\right)$$

$$= \frac{\sqrt{3/2}}{4} + \sqrt{3/2} = \frac{5\sqrt{6}}{8}$$

と求まります.

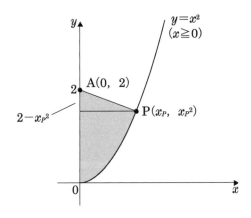

解図（問題 5-15）

【問題 5.16】 xy 平面上において，媒介変数 t （$0 \le t \le 2\pi$）を用いて次式で表される曲線により囲まれる図（問題 5-16）のアミかけ部分の面積 S を求めなさい．

$$\begin{cases} x = 2\sin t \\ y = \sin 2t \end{cases}$$

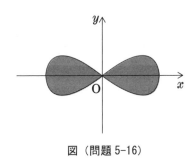

図（問題 5-16）

（国家公務員総合職試験[大卒程度試験]）

【解答】 まず，媒介変数 t を消去することを考えます．

$$y = \sin 2t = 2\sin t \cos t = x\cos t$$

なので，

$$\sin^2 t + \cos^2 t = 1$$

の関係式に代入すれば，

$$\left(\frac{x}{2}\right)^2 + \left(\frac{y}{x}\right)^2 = 1 \quad \therefore\ y = \pm\frac{x\sqrt{4-x^2}}{2}$$

ここで,

$$4 - x^2 = T \qquad (x \text{ の範囲は } 0 \sim 2 \text{ なので, } T \text{ の範囲は } 4 \sim 0)$$

とおけば,

$$-2x\,dx = dT$$

それゆえ,

$$\frac{S}{4} = \int_0^2 \frac{x\sqrt{4-x^2}}{2}\,dx = \int_4^0 \frac{T^{\frac{1}{2}}}{-4}\,dT = \frac{1}{4}\int_0^4 T^{\frac{1}{2}}\,dT = \frac{1}{4}\left[\frac{T^{\frac{3}{2}}}{\frac{3}{2}}\right]_0^4 = \frac{1}{4}\times\frac{2}{3}\times 4^{\frac{3}{2}} = \frac{1}{4}\times\frac{2}{3}\times\left(2^2\right)^{\frac{3}{2}} = \frac{8}{6}$$

したがって, 求める答えは,

$$S = \frac{32}{6} = \frac{16}{3}$$

となります.

【問題 5.17】 区間積分 $0 \leqq x \leqq 2\pi$ において, 2 つの曲線 $y = \sin x$, $y = \cos x$ のみで囲まれた部分の面積を求めなさい.

(国家公務員一般職試験)

【解答】 解図（問題 5-17）から積分区間（2 つの曲線 $y = \sin x$, $y = \cos x$ のみで囲まれた部分）は $0.25\pi \sim 1.25\pi$ であることがわかります. したがって,

$$\int_{0.25\pi}^{1.25\pi}(\sin x - \cos x)\,dx = \left[-\cos x - \sin x\right]_{0.25\pi}^{1.25\pi} = \left\{-\frac{1}{\sqrt{2}} - \left(-\frac{1}{\sqrt{2}}\right)\right\} - \left\{-\frac{1}{\sqrt{2}} - \left(\frac{1}{\sqrt{2}}\right)\right\}$$

$$= \frac{2}{\sqrt{2}} = 2\sqrt{2}$$

となります. なお, $\cos 1.25\pi$ と $\sin 1.25\pi$ は単位円を描けば, 符号を間違えることはないと思います.

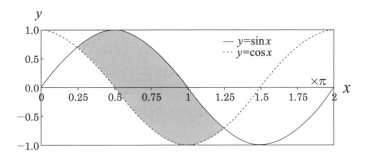

解図（問題 5-17）

【問題 5.18】曲線 $y = f(x)$ $(x \geqq 0)$ 上の任意の点 P から，y 軸におろした垂線と y 軸の交点を A，点 P における接線と y 軸との交点を B とすると，点 $(0, -1)$ が線分 AB の中点となりました．いま，曲線 $y = f(x)$ が点 $(2, \frac{1}{3})$ を通るとすると，$f(1)$ の値を求めなさい．

(国家公務員 II 種試験)

【解答】解図（問題 5-18）に示すように，任意の点 P の x 座標を a，点 P での接線の勾配を $f'(a)$ とすれば，

$$\frac{y - f(a)}{x - a} = f'(a)$$

となりますので，

$$y = f'(a)(x - a) + f(a) \tag{a}$$

点 B の座標を求めるために，式(a)に $x = 0$ を代入すれば，

$$y = f(a) - af'(a)$$

ですので，点 B の座標は $(0, f(a) - af'(a))$ となります．また，点 A の座標は $(0, f(a))$ ですので，題意（点 $(0, -1)$ が線分 AB の中点）より

$$\frac{f(a) + f(a) - af'(a)}{2} = f(a) - \frac{a}{2} f'(a) = -1 \tag{b}$$

式(b)において，便宜上，a を x，f を y に書き直すと

$$y - \frac{x}{2} \frac{dy}{dx} = -1 \quad \text{ゆえに，} \quad y + 1 = \frac{x}{2} \frac{dy}{dx}$$

よって，

$$\frac{1}{x} dx = \frac{1}{2(y+1)} dy$$

積分すれば，

$$\log_e x = \frac{1}{2} \log_e (y+1) + C \quad \text{（C は積分定数）}$$

変形して，

$$\log_e (y+1) = \log_e x^2 - 2C = \log_e Ax^2 \quad \text{（積分定数をまとめて A で記述）}$$

ゆえに，

$$y = Ax^2 - 1 \tag{c}$$

曲線 $y = f(x)$ が点 $\left(2, \frac{1}{3}\right)$ を通るので，

$$\frac{1}{3} = A \times 2^2 - 1 \quad \text{よって，} \quad A = \frac{1}{3}$$

したがって，

$$y = f(x) = \frac{1}{3} x^2 - 1$$

に $x=1$ を代入すれば，求める答えは，

$$f(1) = -\frac{2}{3}$$

となります．

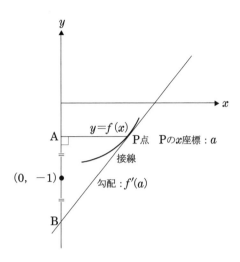

解図（問題 5-18）

【問題 5.19】 $y=x^2$，$x=1$ および x 軸で囲まれた xy 平面上の領域を，y 軸まわりに 1 回転してできる立体の体積 V を求めなさい．

（国家公務員一般職試験）

【解答】 解図（問題 5-19）を参照すれば，求める答えは，

$$V = \int 2\pi x\, dx \times y = \int_0^1 2\pi x^3\, dx = 2\pi \left| \frac{x^4}{4} \right|_0^1 = \frac{\pi}{2}$$

となります．

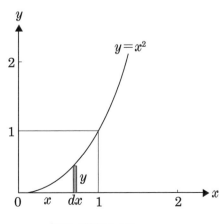

解図（問題 5-19）

【問題 5.20】 $x^2 + y^2 = r^2$ と $(x-r)^2 + y^2 = r^2$ とで囲まれる図（問題 5-20）のアミかけ部の領域を x 軸まわりに回転させてできる立体の体積Vを求めなさい.

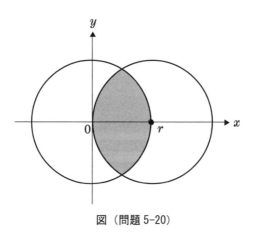

図（問題 5-20）

（国家公務員Ⅱ種試験）

【解答】 解図（問題 5-20）を参照すれば，立体の体積Vは，

$$V = \int dV = 2\int_0^{r/2} \pi \times y^2 dx \tag{a}$$

で求まります．ところで，解図（問題 5-20）において，右側の円の方程式は，

$$(x-r)^2 + y^2 = r^2$$

なので，変形すれば，

$$y^2 = r^2 - (x-r)^2 = -x^2 + 2xr \tag{b}$$

式(b)を式(a)に代入して積分すれば，

$$V = 2\pi \int_0^{r/2} (-x^2 + 2xr)dx = 2\pi\left[-\frac{x^3}{3} + 2r\frac{x^2}{2} \right]_0^{r/2} = \frac{5\pi r^3}{12}$$

と求まります.

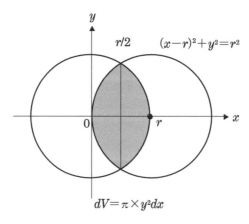

解図（問題 5-20）

【問題 5.21】 $y = \cos x$ $(-\pi/2 \leqq x \leqq \pi/2)$ と x 軸とで囲まれる領域を y 軸まわりに回転させてできる立体の体積 V を求めなさい.

(国家公務員 II 種試験)

【解答】 解図（問題 5-21）を参照すればわかるように，立体の体積 V は，

$$V = \int_0^{\pi/2} 2\pi x \cos x \, dx = 2\pi \int_0^{\pi/2} x \cos x \, dx \tag{a}$$

（このような積分を "バウムクーヘン積分" といいます）

で求められますので，**部分積分法**を適用することを考えます. すなわち,

$$(uv)' = u'v + uv'$$

の関係から,

$$uv' = (uv)' - u'v$$

となりますので，両辺を積分すれば,

$$\int uv' \, dx = uv - \int u'v \, dx$$

ここで, $u = x$, $v' = \cos x$ $(v = \sin x)$ とおけば,

$$\int x \cos x \, dx = x \sin x - \int 1 \times \sin x \, dx = x \sin x + \cos x$$

よって, 式(a)は,

$$V = 2\pi \int_0^{\pi/2} x \cos x \, dx = 2\pi [x \sin x + \cos x]_0^{\pi/2} = 2\pi \left(\frac{\pi}{2} \times 1 - 1 \right) = \pi^2 - 2\pi$$

となり, 答えは $V = \pi^2 - 2\pi$ となります.

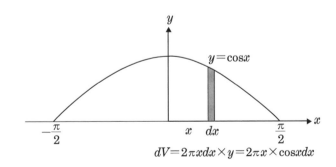

$$dV = 2\pi x \, dx \times y = 2\pi x \times \cos x \, dx$$

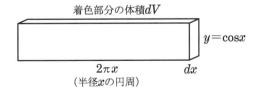

解図（問題 5-21）

【問題 5.22】微分方程式 $\dfrac{dy}{dx} = \dfrac{(x+1)y}{x}$ の解を求めなさい．ただし，$x=1$ のとき $y=e$ とします．

（国家公務員一般職試験）

【解答】与えられた微分方程式を変形すれば，

$$\frac{1}{y}dy = \frac{(x+1)}{x}dx = \left(1 + \frac{1}{x}\right)dx \tag{a}$$

式(a)の両辺を積分すれば，

$$\log_e y = x + \log_e x + C \qquad （C は積分定数）$$

$x=1$ のとき $y=e$ なので，$\log_e e = 1$ であることに留意すれば，

$$1 = 1 + 0 + C \quad \therefore C = 0$$

ゆえに，

$$\log_e y = \log_e e^x + \log_e x = \log_e xe^x$$

したがって，求める答えは，

$$y = xe^x$$

となります．

【問題 5.23】時刻 $t=0$ において原点にある動点 P，Q が，それぞれ以下の式で表される速さ v_P，v_Q で x 軸上を正の方向に動く．$t=0$ から Q が P に追いつくまでの時間における PQ 間の距離の最大値はいくらか求めなさい．

ただし，a は正の実数とする．

$$v_P = at \qquad\qquad (0 \le t)$$

$$v_Q = \begin{cases} 0 & (0 \le t < 1) \\ t \log_e t & (1 \le t) \end{cases}$$

（国家公務員総合職試験[大卒程度試験]）

【解答】Q が P に追いつくまでの時間は，

$$at \times t = t \log_e t \times t \quad \therefore a = \log_e t$$

ゆえに，

$$t = e^a$$

動点 P の移動距離 x_P は，

$$x_P = \int_0^{e^a} at\,dt = a\left[\frac{t^2}{2}\right]_0^{e^a} = \frac{ae^{2a}}{2}$$

動点 Q の移動距離 x_Q は,部分積分法を適用して

$$x_Q = \int_1^{e^a} t\log_e t\,dt = \left[\frac{1}{2}t^2\log_e t\right]_1^{e^a} - \int_1^{e^a}\frac{1}{2}t^2\times\frac{1}{t}dt = \frac{1}{2}e^{2a}\log_e e^a - \frac{1}{4}e^{2a} + \frac{1}{4} = \frac{1}{2}ae^{2a} - \frac{1}{4}e^{2a} + \frac{1}{4}$$

したがって,求める答えは,

$$x_P - x_Q = \frac{1}{2}ae^{2a} - \frac{1}{2}ae^{2a} + \frac{1}{4}e^{2a} - \frac{1}{4} = \frac{1}{4}\left(e^{2a}-1\right)$$

となります.

【問題 5.24】 次の等式が成り立つとき,定数 a の値を求めなさい.ただし,$a>0$ とします.

$$\int_a^x f(t)dt = x^2 - x - 2$$

（労働基準監督官採用試験）

【解答】 積分したら x^2 の関数になっていますので,
$$f(t) = bt + c \qquad (b, c\ \text{は定数})$$
とおいて積分すれば,

$$\int_a^x f(t)dt = \int_a^x (bt + c)dt = \left[\frac{bt^2}{2} + ct\right]_a^x = \frac{bx^2}{2} + cx - \frac{b}{2}a^2 - ca$$

右辺は $x^2 - x - 2$ と等しいことから,係数を比較すれば,

$$\frac{b}{2} = 1\ \text{より},\ \ b = 2$$

$$c = -1$$

$$-\frac{b}{2}a^2 - ca = -2\ \text{より},\ \ a^2 - a - 2 = (a-2)(a+1) = 0$$

$a>0$ ですので,求める答えは,

$$a = 2$$

となります.

【問題 5.25】座標平面上の放物線 $y = -x^2 + 4$ と直線 $y = x + k$ を考えます．放物線と直線が異なる 2 個の共有点をもち，放物線と直線で囲まれる図形の面積が 4/3 であるとき，定数 k は以下のどれか答えなさい．

1. $\dfrac{11}{4}$　　2. $\dfrac{13}{4}$　　3. $\dfrac{17}{4}$　　4. $\dfrac{17}{3}$　　5. $\dfrac{32}{3}$

（労働基準監督官採用試験）

【解答】放物線と直線が異なる 2 個の共有点を持つためには，2 次方程式の判別式 D が $D > 0$ でなくてはなりません．

放物線 $y = -x^2 + 4$ と直線 $y = x + k$ から y を消去すれば，

$$x + k = -x^2 + 4 \quad \text{ゆえに，} \quad x^2 + x + k - 4 = 0 \tag{a}$$

判別式 D の条件は，

$$D = b^2 - 4ac = 1^2 - 4 \times 1 \times (k-4) > 0 \quad \text{ゆえに，} \quad k < \frac{17}{4}$$

したがって，求める答え（定数 k の値）は 1 の $\dfrac{11}{4}$ か 2 の $\dfrac{13}{4}$ となります．

(1) $k = \dfrac{11}{4}$ の場合

式(a)から，この場合の 2 つの解 α，β を求めれば，

$$\alpha = \frac{-1-\sqrt{6}}{2}, \quad \beta = \frac{-1+\sqrt{6}}{2}$$

となります．

(2) $k = \dfrac{13}{4}$ の場合

式(a)から，この場合の 2 つの解 α，β を求めれば，

$$\alpha = -\frac{3}{2}, \quad \beta = \frac{1}{2}$$

となります．

$k = \dfrac{13}{4}$ の解の方が簡単な形をしていますので，まずこちらについて，放物線と直線で囲まれる図形の面積 S を求めれば，

$$S = \int_{-3/2}^{1/2} \left\{ -x^2 + 4 - (x+k) \right\} dx = \left[-\frac{x^3}{3} - \frac{x^2}{2} + 4x - \frac{13}{4}x \right]_{-3/2}^{1/2} = \frac{32}{24} = \frac{4}{3}$$

となって，条件を満足します．よって，求める答えは 2.の $k = \dfrac{13}{4}$ であることがわかります．

【別解】$\displaystyle\int_\alpha^\beta (x-\alpha)(x-\beta)dx = -\frac{1}{6}(\beta-\alpha)^3$ を知っていれば，この問題では $\displaystyle -\int_\alpha^\beta (x-\alpha)(x-\beta)dx$

$= \dfrac{1}{6}(\beta-\alpha)^3$ となりますので，以下のようにしても解けます．すなわち，式(a)の2つの解は，

$$x = \frac{-1 \pm \sqrt{1^2 - 4 \times 1 \times (k-4)}}{2} = \frac{-1 \pm \sqrt{17-4k}}{2}$$

ですので，

$$\alpha = \frac{-1 - \sqrt{17-4k}}{2}, \quad \beta = \frac{-1 + \sqrt{17-4k}}{2}$$

とおけば，

$$\frac{1}{6}(\beta-\alpha)^3 = \frac{1}{6}(\sqrt{17-4k})^3 = \frac{4}{3}$$

となり，$k = \dfrac{13}{4}$ が求まります．

【問題 5.26】放物線 $y = -x^2 + 4x$ と x 軸で囲まれた領域の面積が，直線 $y = ax$ （$0 < a < 4$）によって 2 等分されるとき，定数 a の値を求めなさい．

なお，任意の定数 α，β について，

$$\int_\alpha^\beta (x-\alpha)(x-\beta)dx = -\frac{1}{6}(\beta-\alpha)^3$$

が成り立ちます．

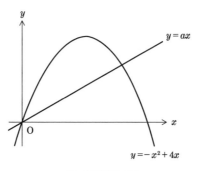

図（問題 5-26）

（国家公務員一般職試験）

【解答】まず，放物線 $y = -x^2 + 4x$ と x 軸の交点を求めれば，

$$y = -x^2 + 4x = x(4-x) = 0 \quad \therefore x = 0, 4$$

したがって，放物線 $y = -x^2 + 4x$ と x 軸で囲まれた領域の面積は，

$$\int_0^4 (-x^2 + 4x)dx = \left[-\frac{x^3}{3} + 4 \times \frac{x^2}{2} \right]_0^4 = \frac{32}{3}$$

となり，2等分された時の面積は$\frac{16}{3}$となります．

放物線$y = -x^2 + 4x$と直線$y = ax$の交点を求めれば，

$$-x^2 + 4x - ax = -x^2 + (4-a)x = x(-x+4-a) = 0 \quad \therefore x = 0, 4-a$$

与えられた公式を利用して積分すれば，

$$\int_0^{4-a}(-x^2 + 4x - ax)dx = -\int_0^{4-a} x(x+a-4)dx = -\int_0^{4-a}(x-0)\{x-(4-a)\}dx$$

$$= -\left\{ -\frac{1}{6}(4-a-0)^3 \right\} = \frac{1}{6}(4-a-0)^3 = \frac{1}{6}(4-a)^3$$

この積分値が$\frac{16}{3}$に等しいことから，求める答えは，

$$(4-a)^3 = \frac{16}{3} \times 6 = 32 = 2^3 \times 4 \quad \therefore a = 4 - 2\sqrt[3]{4}$$

となります．

【問題 5.27［やや難］】 a を実数とします．座標平面上で，点（1，8）を通る傾き a の直線と放物線 $y = x^2 + 1$ で囲まれた図形の面積が最小になるときの a の値を求めなさい．

（労働基準監督官採用試験）

【解答】 点（1，8）を通る傾き a の直線の方程式は，

$$y = a(x-1) + 8 \tag{a}$$

また，与えられた放物線は

$$y = x^2 + 1 \tag{b}$$

なので，式(a)と式(b)から

$$a(x-1) + 8 = x^2 + 1 \quad \therefore x^2 - ax + a - 7 = 0 \tag{c}$$

式(c)の判別式は

$$D = (-a)^2 - 4 \times 1 \times (a-7) = a^2 - 4a + 28 = (a-2)^2 + 24 > 0$$

ここで，2 つの異なる実数解を α，β（$\alpha < \beta$）と置くと

$$x^2 - ax + a - 7 = (x-\alpha)(x-\beta)$$

なので，点（1，8）を通る傾き a の直線と放物線 $y = x^2 + 1$ で囲まれた図形の面積 S は[2]，

$$S = \int_\alpha^\beta (ax - a + 8 - x^2 - 1)dx = -\int_\alpha^\beta (x^2 - ax + a - 7)dx = -\int_\alpha^\beta (x-\alpha)(x-\beta)dx$$

$$= -\left\{ -\frac{1}{6}(\beta-\alpha)^3 \right\} = \frac{1}{6}(\beta-\alpha)^3$$

式(c)の解は，

$$x = \frac{a \pm \sqrt{a^2 - 4 \times 1 \times (a-7)}}{2 \times 1} = \frac{a \pm \sqrt{a^2 - 4a + 28}}{2 \times 1} = \frac{a \pm \sqrt{(a-2)^2 + 24}}{2 \times 1}$$

なので，

---

2) 放物線関係の面積計算（問題 5.25 の別解と問題 5.26 の解答を参照）

放物線と直線で囲まれた図形の面積 S は，次の公式を適用すれば求めることができます．

$$S = \int_\alpha^\beta (x-\alpha)(x-\beta)dx = -\frac{1}{6}(\beta-\alpha)^3$$

また，直線と放物線で囲まれた図形の面積は，

$$S = \frac{1}{6}(\beta-\alpha)^3$$

で求まります．

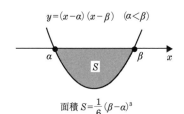

面積 $S = \frac{1}{6}(\beta-\alpha)^3$

$$\beta = \frac{a + \sqrt{(a-2)^2 + 24}}{2}, \quad \alpha = \frac{a - \sqrt{(a-2)^2 + 24}}{2}$$

ゆえに,

$$\beta - \alpha = \sqrt{(a-2)^2 + 24}$$

したがって,$a = 2$ のときに直線と放物線で囲まれた図形の面積が最小になります.

【問題 5.28】 x の整式 $f(x)$ が恒等式

$$f(x) + \int_0^x t f'(t) dt = \frac{3}{2} x^4 - 3x^2 + 1$$

を満たすとき,$f(2)$ の値を求めなさい.

（労働基準監督官採用試験）

【解答】 右辺が x の 4 次式ですので,恒等式となるためには左辺の $f(x)$ は x の 3 次式でなければなりません.なぜなら,$\int_0^x t f'(t) dt$ が x の 4 次式となるためには,$tf(t)$ が t の 3 次式 ($f'(t)$ が t の 2 次式すなわち $f(t)$ が t の 3 次式)でないといけないからです.そこで,

$$f(x) = ax^3 + bx^2 + cx + d \quad (ただし,\ a \neq 0)$$

と置きます.左辺の $\int_0^x t f'(t) dt$ を計算すれば,

$$\int_0^x t f'(t) dt = \int_0^x t \times (3at^2 + 2bt + c) dt = \frac{3a}{4} x^4 + \frac{2b}{3} x^3 + \frac{c}{2} x^2$$

よって,

$$与えられた恒等式の左辺 = \frac{3a}{4} x^4 + ax^3 + \frac{2b}{3} x^3 + bx^2 + \frac{c}{2} x^2 + cx + d$$

この左辺と与えられた恒等式の右辺の係数を比較して,

$$\frac{3a}{4} = \frac{3}{2} \quad ゆえに,\ a = 2$$

$$a + \frac{2b}{3} = 0 \quad ゆえに,\ b = -3$$

$$b + c = -3 \quad ゆえに,\ c = 0$$

$$d = 1$$

したがって,

$$f(x) = ax^3 + bx^2 + cx + d = 2x^3 - 3x^2 + 1$$

となり,求める答えは,

$$f(2) = 2 \times 2^3 - 3 \times 2^2 + 1 = 5$$

となります.

【問題 5.29】　曲線 $y = x^3$ 上の原点以外の点 (a, a^3) における接線とこの曲線とで囲まれた図形の面積 A を求めなさい.

（労働基準監督官採用試験）

【解答】 $y = x^3$ を 1 回微分すれば,

$$y' = 3x^2$$

したがって, 解図（問題 5-29）に示した点 (a, a^3) における接線の方程式は,

$$y - a^3 = 3a^2(x - a) \quad \text{ゆえに,} \quad y = 3a^2 x - 2a^3 \tag{a}$$

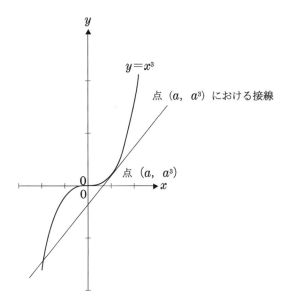

解図（問題 5-29）

次に, 積分区間を求めます. まず, 式(a)の左辺に $y = x^3$ を代入した

$$x^3 = 3a^2 x - 2a^3$$

から,

$$x^3 - 3a^2 x + 2a^3 = 0 \tag{b}$$

の関係式が成立します. 3 次方程式なので 3 つの解が存在しますが, 点 (a, a^3) で接しているため, $x = a$ は重解になっています. それゆえ, 残りの解を $x = b$ とすれば,

$$(x - a)^2 (x - b) = x^3 - (2a + b)x^2 + (a^2 + 2ab)x - a^2 b$$

となり,

$$x^3 - (2a + b)x^2 + (a^2 + 2ab)x - a^2 b = x^3 - 3a^2 x + 2a^3$$

（右辺は式(b)の左辺）

の係数を比較して

$$2a + b = 0$$

$$a^2 + 2ab = -3a^2$$

$$-a^2 b = 2a^3$$

よって，$b = -2a$ なので，

$$(x-a)^2(x-b) = (x-a)^2 \{x-(-2a)\} = 0$$

から，残りの解は

$$x = -2a$$

であることがわかります．

以上から，面積 A を求めれば，

$$A = \int_{-2a}^{a} \{x^3 - (3a^2 x - 2a^3)\} dx = \left[\frac{x^4}{4} - \frac{3}{2}a^2 x^2 + 2a^3 x\right]_{-2a}^{a} = \frac{27}{4}a^4$$

となります．

【問題 5.30】 曲線 $C : \sqrt{x} + \sqrt{y} = 1$ と C 上の点 $\left(\dfrac{1}{4}, \dfrac{1}{4}\right)$ を通る曲線 C の接線 ℓ があります．

第 1 象限上，接線 ℓ より上にあり，曲線 C より下にある部分の面積 A を求めなさい．

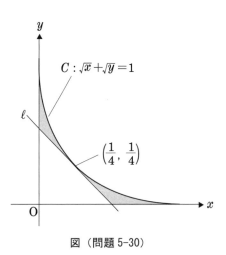

図（問題 5-30）

（労働基準監督官採用試験）

【解答】 $\sqrt{x} + \sqrt{y} = 1$ を 1 回微分すれば，

$$\frac{1}{2}x^{-\frac{1}{2}} + \frac{1}{2}y^{-\frac{1}{2}}\frac{dy}{dx} = 0 \quad 整理して，\quad \frac{dy}{dx} = -\frac{1/\sqrt{x}}{1/\sqrt{y}} = -\sqrt{\frac{y}{x}}$$

したがって，点 $\left(\dfrac{1}{4}, \dfrac{1}{4}\right)$ における接線の方程式は，

$$y - \frac{1}{4} = -\sqrt{\frac{1/4}{1/4}}\left(x - \frac{1}{4}\right) \quad \text{ゆえに,} \quad y = -x + \frac{1}{2}$$

一方，$\sqrt{x} + \sqrt{y} = 1$ を変形すれば，

$$\sqrt{y} = 1 - \sqrt{x} \quad \text{ゆえに,} \quad y = 1 - 2\sqrt{x} + x$$

積分区間に注意して積分すれば [3]，

$$A = 2 \times \int_0^{1/4} \left\{1 - 2\sqrt{x} + x - (-x + 1/2)\right\} dx = 2 \times \int_0^{1/4} \left(2x - 2\sqrt{x} + \frac{1}{2}\right) dx$$

$$= 2 \times \left[\frac{2x^2}{2} - 2\frac{x^{3/2}}{3/2} + \frac{1}{2}x\right]_0^{1/4} = \frac{1}{24}$$

となります.

【問題 5.31】関数 $S(a) = \int_1^2 \left|\frac{1}{x} - a^2 x\right| dx$ （$1/2 \leqq a \leqq 1$）において，$S(a)$ が最小になるときの a の値を求めなさい.

（国家公務員 I 種試験）

【解答】$1 \leqq x \leqq 2$ であることを頭の片隅において，絶対値記号をはずします.

$\dfrac{1}{x} - a^2 x \geqq 0$　すなわち，$1 \geqq a^2 x^2$（$x \leqq 1/a$）ならば，$\left|\dfrac{1}{x} - a^2 x\right| = \dfrac{1}{x} - a^2 x$

$\dfrac{1}{x} - a^2 x \leqq 0$　すなわち，$1 \leqq a^2 x^2$（$x \geqq 1/a$）ならば，$\left|\dfrac{1}{x} - a^2 x\right| = -\left(\dfrac{1}{x} - a^2 x\right) = a^2 x - \dfrac{1}{x}$

ゆえに，

$$S(a) = \int_1^2 \left|\frac{1}{x} - a^2 x\right| dx = \int_1^{1/a} \left(\frac{1}{x} - a^2 x\right) dx + \int_{1/a}^2 \left(a^2 x - \frac{1}{x}\right) dx$$

$$= \left[\ln x - \frac{a^2 x^2}{2}\right]_1^{1/a} + \left[\frac{a^2 x^2}{2} - \ln x\right]_{1/a}^2$$

3）　$A = \displaystyle\int_0^1 \left(2x - 2\sqrt{x} + \frac{1}{2}\right) dx$ とすれば，正しい答えは得られません．なぜなら，$\dfrac{1}{4} \leq x \leq 1$ では，曲線 C と接線 ℓ および x 軸で囲まれているからです．実際の試験では問題をよく読んで，このような落とし穴にはまらないようにしましょう.

$$= \ln \frac{1}{a} - \frac{a^2}{2} \times \frac{1}{a^2} - 0 + \frac{a^2 \times 1^2}{2} + \frac{a^2 \times 2^2}{2} - \ln 2 - \frac{a^2}{2} \times \frac{1}{a^2} + \ln \frac{1}{a}$$

$$= 2a^2 + \frac{a^2}{2} + 2\ln \frac{1}{a} - \ln 2 - 1 = \frac{5a^2}{2} - 2\ln a - \ln 2 - 1$$

$dS(a)/da = 0$ より,

$$5a - 2\frac{1}{a} = 0$$

よって, 求める答えは,

$$a = \sqrt{\frac{2}{5}} = \frac{\sqrt{10}}{5} \qquad (\because \quad a > 0)$$

となります.

第 6 章

ベクトル

●ベクトルの定義

ベクトルとは向きと大きさをもった量のことで，図 6-1 のように矢印の向きと長さで表現します．

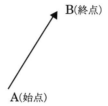

B(終点)

A(始点)

図 6-1　ベクトル

●ベクトルの平行

平行ということは，方向が同じで大きさは違ってもよいということです．したがって，図 6-2 に示すように，2 つのベクトルが平行ならば，k を実数とすると

$$\vec{b} = k\vec{a}$$

のように表すことができます．

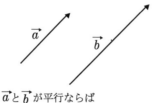

$\vec{a}$ と $\vec{b}$ が平行ならば

$$\vec{b} = k\vec{a}$$

図 6-2　ベクトルの平行

●ベクトルの和

図 6-3 のようなベクトル $\overrightarrow{OA}$，$\overrightarrow{OB}$，$\overrightarrow{BA}$ を考えれば，

$$\overrightarrow{OA} = \overrightarrow{OB} + \overrightarrow{BA}$$

が成立します．また，上式を変形すれば，

$$\overrightarrow{BA} = \overrightarrow{OA} - \overrightarrow{OB}$$

となります.

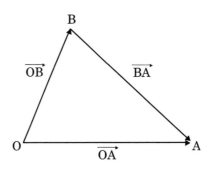

図 6-3　ベクトルの和

●ベクトルの成分表示

図 6-4 に示すように，x 軸，y 軸と同じ向きの単位ベクトル（長さ 1 のベクトル）を $\vec{e_1}$, $\vec{e_2}$ とすると，平面上の任意のベクトル $\vec{a}$ は，実数 a_1，a_2 を用いて

$$\vec{a} = a_1\vec{e_1} + a_2\vec{e_2}$$

のように表すことができます．ここに，a_1，a_2 はそれぞれベクトル $\vec{a}$ の x 成分，y 成分であり，

$$\vec{a} = (a_1, a_2)$$

と表せますが，これを**成分表示**といいます．

なお，図 6-5 のように，$A = (x_1, y_1)$，$B = (x_2, y_2)$ とするとき，

$$\overrightarrow{AB} = (x_2 - x_1, y_2 - y_1)$$

$$|\overrightarrow{AB}| = \sqrt{(x_2 - x_1)^2 + (y_2 - y_1)^2} \qquad （ベクトルの大きさ）$$

となります.

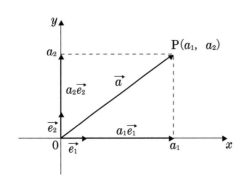

図 6-4　単位ベクトルを用いた表示

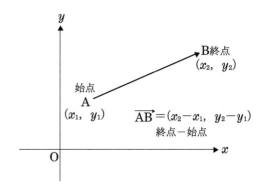

図 6-5　ベクトルの成分表示

●線分の内分点と外分点

(1) 内分点

　図 6-6 に示すように，線分 AB を $m:n$ の比に内分する点を P とすれば，

$$\overrightarrow{OP} = \frac{n\overrightarrow{OA} + m\overrightarrow{OB}}{m + n} = \frac{n\vec{a} + m\vec{b}}{m + n}$$

となります．上式で，

$$m + n = 1 \quad \text{すなわち，} \quad n = 1 - m$$

とすれば，

$$\overrightarrow{OP} = (1 - m)\overrightarrow{OA} + m\overrightarrow{OB} = (1 - m)\vec{a} + m\vec{b}$$

と表されます．

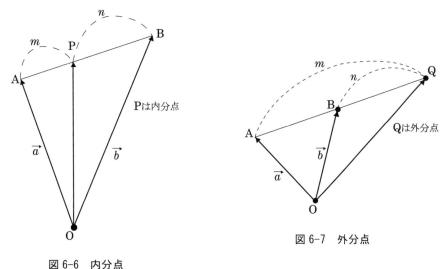

図 6-6　内分点

図 6-7　外分点

(2) 外分点

　図 6-7 に示すように，線分 AB を $m:n$ に外分する点を Q とすれば，その位置ベクトルは，

$$\overrightarrow{OQ} = \frac{-n\overrightarrow{OA} + m\overrightarrow{OB}}{m - n} = \frac{-n\vec{a} + m\vec{b}}{m - n}$$

となります．したがって，A 点と B 点の座標をそれぞれ A (x_1, y_1)，B (x_2, y_2) とすれば，外分点 Q の座標は，

$$Q\left(\frac{mx_2 - nx_1}{m - n}, \frac{my_2 - ny_1}{m - n}\right)$$

と表されます．

●**三角形の重心の位置ベクトル**

図 6-8 に示すように，△ABC の頂点 A，B，C の位置ベクトルをそれぞれ $\vec{a}$，$\vec{b}$，$\vec{c}$ とするとき，△ABC の重心 G の位置ベクトル $\overrightarrow{OG}$ は，

$$\overrightarrow{OG} = \frac{\vec{a} + \vec{b} + \vec{c}}{3}$$

となります．

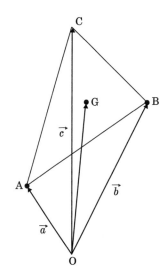

図 6-8　三角形の重心の位置ベクトル

●**ベクトルの内積**

(1) 定義

図 6-9 に示すように，2 つのベクトル $\vec{a}$，$\vec{b}$ に対し，そのなす角を θ とすると，$\vec{a}$ と $\vec{b}$ の内積 $\vec{a} \cdot \vec{b}$ は，

$$\vec{a} \cdot \vec{b} = |\vec{a}||\vec{b}|\cos\theta$$

ここに，$|\vec{a}|$ と $|\vec{b}|$ はそれぞれベクトル $\vec{a}$，$\vec{b}$ の大きさ

として定義されます．また，$\vec{a} = (a_1, a_2)$，$\vec{b} = (b_1, b_2)$ のように $\vec{a}$，$\vec{b}$ が成分として与えられたときの内積は，

$$\vec{a} \cdot \vec{b} = a_1 b_1 + a_2 b_2$$

で，さらに，$\vec{a} = (a_1, a_2, a_3)$，$\vec{b} = (b_1, b_2, b_3)$ のような成分として与えられたときの内積は，

$$\vec{a} \cdot \vec{b} = a_1 b_1 + a_2 b_2 + a_3 b_3$$

となります．

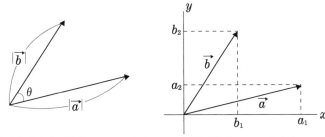

大きさとなす角がわかっているとき　　成分がわかっているとき

図 6-9　ベクトルの内積

(2) 内積の性質

内積には以下の性質があります.

① $\vec{a}\cdot\vec{b}=\vec{b}\cdot\vec{a}$　　② $\vec{a}\cdot\vec{a}=|\vec{a}||\vec{a}|=|\vec{a}|^2$

③ 2つのベクトル$\vec{a}$, $\vec{b}$が直交する場合は, 2つのベクトルのなす角度が90°なので,

$$\vec{a}\cdot\vec{b}=|\vec{a}||\vec{b}|\cos90°=0$$

したがって, **2つのベクトルが直交する条件は内積がゼロである**ことがわかります.

ちなみに, 図 6-10 において, $\overrightarrow{OA}=(a, b)$, $\overrightarrow{OP}=(x, y)$とすれば, 直交条件は,

$$\overrightarrow{OA}\cdot\overrightarrow{OP}=ax+by=0$$

となります.

④$|\vec{a}\cdot\vec{b}|\leq|\vec{a}||\vec{b}|$ （シュワルツの不等式）　⑤ $|\vec{a}+\vec{b}|\leq|\vec{a}|+|\vec{b}|$ 　（三角不等式）

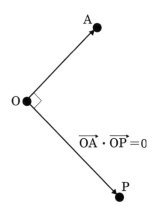

図 6-10　直交条件

(3) 内積と直線

内積と直線に関する重要事項を以下に示します.

①直線ℓに垂直で$\vec{0}$でないベクトルを直線ℓの**法線ベクトル**といいます.

②定点$P_0\left(\vec{p_0}\right)$を通り, 法線ベクトルが$\vec{n}$である直線の方程式は,

$$\vec{n} \cdot \left(\vec{p} - \vec{p_0}\right) = 0$$

です．特に，$\vec{n}(a,b)$，$P_0(x_0, y_0)$ とすると，直線上の $P(x, y)$ について

$$a(x - x_0) + b(y - y_0) = 0$$

が成り立ちます．

③ 直線 $ax + by + c = 0$ の法線ベクトルの 1 つは (a, b) です．

(4) 内積と図形の性質

図 6-11 において，三角形の面積は，

$$S = \frac{1}{2}|\vec{a}||\vec{b}|\sin\theta = \frac{1}{2}\sqrt{|\vec{a}|^2|\vec{b}|^2 - (\vec{a}\cdot\vec{b})^2}$$

で求まります．また，$A(x_1, y_1)$，$B(x_2, y_2)$ とすると，△ABO の面積は，

$$S = \frac{1}{2}|x_1 y_2 - x_2 y_1|$$

で求めることができます．

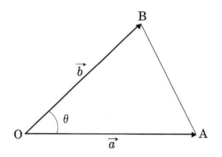

図 6-11　内積と図形の性質

●ベクトルの外積

(1) 定義

空間ベクトル $\vec{a}$，$\vec{b}$ に対して，図 6-12 に示す外積 $\vec{a} \times \vec{b}$ は，以下の 3 つの条件を満足するベクトルとして定義されます．

① $\vec{a} \times \vec{b}$ は，$\vec{a}$ と $\vec{b}$ の両方に垂直なベクトルです．

② $\vec{a}$ と $\vec{b}$ のなす角を θ とすると，外積の大きさ $|\vec{a} \times \vec{b}|$ は，

$$|\vec{a} \times \vec{b}| = |\vec{a}||\vec{b}|\sin\theta$$

です．

③ $\vec{a}$ と $\vec{b}$ ならびに $\vec{a} \times \vec{b}$ の位置関係は，x，y，z 軸の位置関係と同じです（$\vec{a}$，$\vec{b}$，$\vec{a} \times \vec{b}$ は右手系）．なお，$\vec{a} = (a_1, a_2, a_3)$，$\vec{b} = (b_1, b_2, b_3)$ とすると，

$$\vec{a} \times \vec{b} = \left(\begin{vmatrix} a_2 & b_2 \\ a_3 & b_3 \end{vmatrix}, \begin{vmatrix} a_3 & b_3 \\ a_1 & b_1 \end{vmatrix}, \begin{vmatrix} a_1 & b_1 \\ a_2 & b_2 \end{vmatrix} \right)$$

となります．ここに，$\begin{vmatrix} a_2 & b_2 \\ a_3 & b_3 \end{vmatrix}$ は行列式で，$\begin{vmatrix} a_2 & b_2 \\ a_3 & b_3 \end{vmatrix} = a_2 b_3 - b_2 a_3$ のように計算できます．

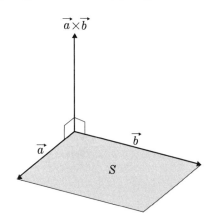

図 6-12　ベクトルの外積

(2) 外積の基本公式

外積の基本公式を以下に示します．

① $\vec{a} \times \vec{b} = -\vec{b} \times \vec{a}$

② $\vec{a} \times \vec{a} = 0$

③ $\vec{a} /\!/ \vec{b} \Leftrightarrow \vec{a} \times \vec{b} = 0$，$\vec{a} \neq 0$，$\vec{b} \neq 0$

　　（$\vec{a}$ と $\vec{b}$ が平行ならば，外積 $\vec{a} \times \vec{b}$ は 0）

(3) 平行四辺形の面積

図 6-13 に示すように，外積 $\vec{a} \times \vec{b}$ の大きさ $|\vec{a} \times \vec{b}| = |\vec{a}||\vec{b}|\sin\theta$ は，$\vec{a}$ と $\vec{b}$ によって作られる平行四辺形の面積に等しくなります．

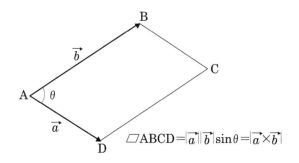

$\square \text{ABCD} = |\vec{a}||\vec{b}|\sin\theta = |\vec{a} \times \vec{b}|$

図 6-13　平行四辺形の面積

●直線のベクトル方程式

$\overrightarrow{\mathrm{OA}} = \vec{a}$, $\overrightarrow{\mathrm{OB}} = \vec{b}$, $\overrightarrow{\mathrm{OP}} = \vec{p}$ とするとき,

(1) 点Aを通り, ベクトル $\overrightarrow{\mathrm{OB}} = \vec{b}$ に平行な直線のベクトル方程式は, 図 6-14 に示すように,

$$\vec{p} = \vec{a} + t\vec{b} \qquad (t は実数)$$

と表されます（点Pの集合は直線を表します）[1].

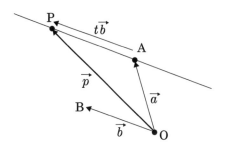

図 6-14　直線のベクトル方程式

(2) 2 点A, Bを通る直線のベクトル方程式は, 図 6-15 に示すように,

$$\overrightarrow{\mathrm{OP}} = \overrightarrow{\mathrm{OA}} + t\overrightarrow{\mathrm{AB}} = \overrightarrow{\mathrm{OA}} + t(\overrightarrow{\mathrm{OB}} - \overrightarrow{\mathrm{OA}}) = (1-t)\overrightarrow{\mathrm{OA}} + t\overrightarrow{\mathrm{OB}}$$

なので,

$$\vec{p} = (1-t)\vec{a} + t\vec{b}$$

と表されます.

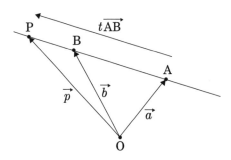

図 6-15　2 点A, Bを通る直線のベクトル方程式

---

1) 直線のベクトル方程式は,

$$(通る点の位置ベクトル) + t \times (方向ベクトル)$$

の形になっています.

(3) 図 6-16 に示すように，空間上の直線 ℓ も，平面の場合と同様に，ℓ 上の点を P(x, y, z) とすると，$\overrightarrow{\mathrm{AP}} = t\vec{\ell}$ として，

$$\overrightarrow{\mathrm{OP}} : \begin{bmatrix} x \\ y \\ z \end{bmatrix} = \overrightarrow{\mathrm{OA}} + t\vec{\ell} \qquad (\text{点 P の集合は直線 } \ell \text{ を表します})$$

と表されます．ここで，A(x_1, y_1, z_1)，$\vec{\ell} = \begin{bmatrix} \ell \\ m \\ n \end{bmatrix}$ とすれば，直線 ℓ のパラメータ表示は，

$$\begin{cases} x = x_1 + \ell t \\ y = y_1 + mt \\ z = z_1 + nt \end{cases}$$

となり，これからパラメータ t を消去すれば，直線 ℓ の方程式（点 A(x_1, y_1, z_1) を通り，方向ベクトルが (ℓ, m, n) の直線の方程式）として，

$$\frac{x - x_1}{\ell} = \frac{y - y_1}{m} = \frac{z - z_1}{n} \quad (= t)$$

が得られます．

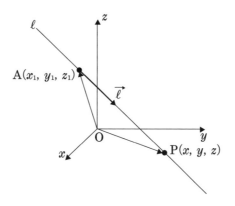

図 6-16　空間上の直線

●平面のベクトル方程式

　図 6-17 に示すように，空間内の点 A を通り，ベクトル $\overrightarrow{\mathrm{OA}} = \vec{a}$ に垂直な平面のベクトル方程式は，$\overrightarrow{\mathrm{AP}} \perp \overrightarrow{\mathrm{OA}}$ なので内積が 0 になる条件から，

$$(\vec{p} - \vec{a}) \cdot \vec{a} = 0 \quad \text{あるいは，展開して } \vec{p} \cdot \vec{a} = |\vec{a}|^2 \quad (\because \ \vec{a} \cdot \vec{a} = |\vec{a}|^2)$$

と表されます．

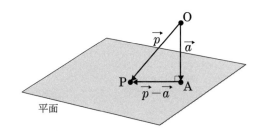

図 6-17　平面のベクトル方程式

●円のベクトル方程式

(1) 点 C を中心とする半径 r の円のベクトル方程式は，図 6-18 からわかるように，

$$|\vec{p} - \vec{c}| = r$$

と表されます．

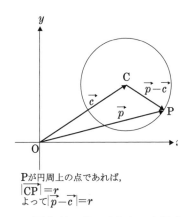

P が円周上の点であれば，
$|\overrightarrow{\mathrm{CP}}| = r$
よって $|\vec{p} - \vec{c}| = r$

図 6-18　円のベクトル方程式

(2) 2 点 A，B を直径の両端とする円のベクトル方程式は，図 6-19 からわかるように，

$$\left(\vec{p} - \vec{a}\right) \cdot \left(\vec{p} - \vec{b}\right) = 0$$

と表されます．

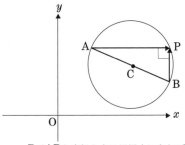

P が AB を直径とする円周上にあれば，
PA⊥PB となり $(\vec{p} - \vec{a}) \perp (\vec{p} - \vec{b})$
よって $(\vec{p} - \vec{a}) \cdot (\vec{p} - \vec{b}) = 0$

図 6-19　円のベクトル方程式

●球のベクトル方程式

点 $C(a, b, c)$ を中心とする半径 r の球のベクトル方程式は，図 6-20 からわかるように，

$$|\vec{p} - \vec{c}| = r$$

ただし，$\overrightarrow{OC} = \vec{c}$, $\vec{p} = (x, y, z)$

と表されます．

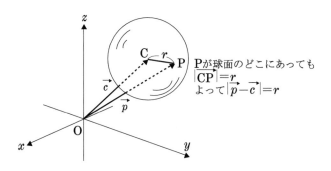

図 6-20 球のベクトル方程式

●直線と直線の関係

2 つの直線

$$\frac{x - x_1}{\ell} = \frac{y - y_1}{m} = \frac{z - z_1}{n} \tag{a}$$

$$\frac{x - x_2}{\ell'} = \frac{y - y_2}{m'} = \frac{z - z_2}{n'} \tag{b}$$

を考えます．**方向ベクトル**をそれぞれ $\vec{p} = (\ell, m, n)$, $\vec{q} = (\ell', m', n')$ とすれば，2 つの直線が

なす角 θ は，

$$\cos\theta = \frac{|\vec{p} \cdot \vec{q}|}{|\vec{p}||\vec{q}|} \qquad (0° \leqq \theta \leqq 90°) \; ^{2)}$$

となります．また，2 つの直線が

平行のときには $\vec{p} = k\vec{q}$

垂直のときには $\vec{p} \cdot \vec{q} = 0$ （内積が 0）

となります．

---

2) $\vec{p} \cdot \vec{q}$ ではなく $|\vec{p} \cdot \vec{q}|$ としているのは，$0° \leqq \theta \leqq 90°$ で $\cos\theta$ が負とならないようにするためです．

●平面と平面の関係

2つの平面

$$ax + by + cz + d = 0 \tag{a}$$

$$a'x + b'y + c'z + d' = 0 \tag{b}$$

を考えます. 法線ベクトルをそれぞれ $\vec{\ell} = (a, b, c)$, $\vec{m} = (a', b', c')$ とすれば, 図 6-21 に示したように, 2つの平面がなす角 θ は,

$$\cos\theta = \frac{|\vec{\ell} \cdot \vec{m}|}{|\vec{\ell}||\vec{m}|} = \frac{aa' + bb' + cc'}{\sqrt{a^2 + b^2 + c^2} \times \sqrt{a'^2 + b'^2 + c'^2}} \qquad (0° \leqq \theta \leqq 90°)$$

となります. また, 2つの平面が

$$\text{平行のときには} \vec{\ell} = k\vec{m}$$

$$\text{垂直のときには} \vec{\ell} \cdot \vec{m} = 0$$

となります.

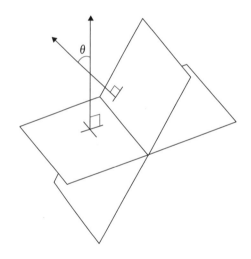

図 6-21　2つの平面がなす角度

●直線と平面の関係

$$\text{直線} \quad \frac{x - x_1}{\ell} = \frac{y - y_1}{m} = \frac{z - z_1}{n} \tag{a}$$

$$\text{平面} \quad ax + by + cz + d = 0 \tag{b}$$

を考えます. 直線である式(a)の方向ベクトルを $\vec{p} = (\ell, m, n)$, 平面である式(b)の法線ベクトルをそれぞれ $\vec{\ell} = (a, b, c)$ とすれば, $\vec{p}$ と $\vec{\ell}$ のなす角度 θ は, 図 6-22 からわかるように,

$$\cos\theta = \frac{|\vec{p} \cdot \vec{\ell}|}{|\vec{p}||\vec{\ell}|} \qquad (0° \leqq \theta \leqq 90°)$$

となります. ちなみに, 式(a)の直線と式(b)の平面のなす角度は

$$90° - \theta$$

で求まります.

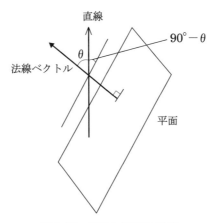

図 6-22　直線と平面の関係

　なお, 直線と平面が平行のときは, 式(a)の方向ベクトル $\vec{p} = (\ell, m, n)$ と式(b)の法線ベクトル $\vec{\ell} = (a, b, c)$ が直交しますので,

$$\vec{p} \cdot \vec{\ell} = 0 \quad （内積は 0）$$

の関係が成立します.

【**問題 6.1**】ベクトル $\vec{a} = (2, -4)$, $\vec{b} = (1, 1)$ があります. 実数 t の値を変化させるとき, $\vec{c} = \vec{a} + t\vec{b}$ の最小値を求めなさい.

（国家公務員 II 種試験[教養]）

【**解答**】ベクトル $\vec{c}$ は,

$$\vec{c} = \vec{a} + t\vec{b} = (2, -4) + t(1, 1) = (2, -4) + (t, t) = (2+t, -4+t)$$

と表すことができますので, ベクトル $\vec{c}$ の大きさ $|\vec{c}|$ は,

$$|\vec{c}| = \sqrt{(2+t)^2 + (-4+t)^2} = \sqrt{2t^2 - 4t + 20} = \sqrt{2(t^2 - 2t + 10)} = \sqrt{2\{(t-1)^2 + 9\}}$$

したがって, $\vec{c} = \vec{a} + t\vec{b}$ の最小値は

$$t = 1 \text{の時に} \sqrt{2\left\{(1-1)^2 + 9\right\}} = 3\sqrt{2}$$

となります.

【問題 6.2】$\vec{a} = (-3, 2)$, $\vec{b} = (2, 1)$, $\vec{c} = (3, 1)$ のとき, $\vec{a} + t\vec{b}$ と $\vec{c}$ が平行になる t の値を求めなさい.

【解答】2 つのベクトルが平行ならば, k を実数とすると,

$$\vec{a} + t\vec{b} = k\vec{c}$$

と表すことができます. ところで, 成分では,

$$\vec{a} + t\vec{b} = (-3, 2) + t(2, 1) = (-3 + 2t, 2 + t)$$

$$k\vec{c} = k(3, 1) = (3k, k)$$

となりますので, 上の関係は,

$$(-3 + 2t, 2 + t) = (3k, k)$$

したがって,

$$-3 + 2t = 3k \quad （x 成分）$$
$$2 + t = k \quad （y 成分）$$

これを解けば, 答えは,

$$t = -9 \quad （k = -7）$$

となります.

【問題 6.3】xyz 空間において, 3 点 A$(-1, -5, 5)$, B$(2, 1, 2)$, C$(a, b, 0)$ が一直線上にあるとき, a と b を求めなさい.

（国家公務員一般職試験）

【解答】2 つのベクトル $\overrightarrow{AB}$, $\overrightarrow{BC}$ を成分表示すれば,

$$\overrightarrow{AB} = (3, 6, -3), \quad \overrightarrow{BC} = (a - 2, b - 1, -2)$$

3 点 A$(-1, -5, 5)$, B$(2, 1, 2)$, C$(a, b, 0)$ が一直線上にある条件は,

$$\overrightarrow{AB} = t\overrightarrow{BC} \quad （t は実数）$$

なので,

$$(3, 6, -3) = t(a - 2, b - 1, -2)$$

ゆえに,

$$-3 = -2t \quad \therefore t = \frac{3}{2}$$

となり，

$$3 = t(a - 2)$$
$$6 = t(b - 1)$$

に代入して，a と b を求めれば，

$$a = 4, \quad b = 5$$

となります．

【問題 6.4】ベクトルに関する次の記述の[ア]，[イ]にあてはまる数値を求めなさい．

「$|\vec{a}| = 1$，$|\vec{b}| = 2$ で，ベクトル $\vec{a} + \vec{b}$ と $5\vec{a} - 2\vec{b}$ が垂直であるとき，内積 $\vec{a} \cdot \vec{b}$ は $\boxed{\text{[ア]}}$ となります．このとき，$\vec{a}$ と $\vec{b}$ のなす角 θ は $\boxed{\text{[イ]}}$ です．ただし，$0 \leqq \theta \leqq \pi$ とします」

（国家公務員一般職試験）

【解答】$\vec{a} + \vec{b} \perp 5\vec{a} - 2\vec{b}$ より，

$$\left(\vec{a} + \vec{b}\right) \cdot \left(5\vec{a} - 2\vec{b}\right) = 0$$

$$\therefore 5|\vec{a}|^2 - 2\vec{a} \cdot \vec{b} + 5\vec{a} \cdot \vec{b} - 2|\vec{b}|^2 = 0$$

$$\therefore 5 + +3\vec{a} \cdot \vec{b} - 2 \times 2 \times 2 = 0$$

したがって，[ア]の答えは

$$\vec{a} \cdot \vec{b} = 1 \qquad （[ア]の答え）$$

となります．

　一方，

$$\vec{a} \cdot \vec{b} = |\vec{a}||\vec{b}|\cos\theta$$

なので，

$$1 = 1 \times 2\cos\theta \quad \therefore \cos\theta = \frac{1}{2}$$

したがって，[イ]の答えは

$$\theta = \frac{\pi}{3}$$

となります．

【問題 6.5】2 つのベクトル$\overrightarrow{\text{OA}} = (2, -1, 0)$ と $\overrightarrow{\text{OB}} = (1, 0, 2)$ があります. このとき, 線分 OA, OB を 2 辺とする平行四辺形の面積を求めなさい.

（労働基準監督官採用試験）

【解答】$\overrightarrow{\text{OA}}$ と $\overrightarrow{\text{OB}}$ の外積 $\overrightarrow{\text{OA}} \times \overrightarrow{\text{OB}} = \left|\overrightarrow{\text{OA}}\right|\left|\overrightarrow{\text{OB}}\right|\sin\theta$ は, $\overrightarrow{\text{OA}}$ と $\overrightarrow{\text{OB}}$ によって作られる平行四辺形の面積に等しくなります. ところで, $\overrightarrow{\text{OA}}$ と $\overrightarrow{\text{OB}}$ の内積 $\overrightarrow{\text{OA}} \cdot \overrightarrow{\text{OB}} = \left|\overrightarrow{\text{OA}}\right|\left|\overrightarrow{\text{OB}}\right|\cos\theta$ は,

$$\overrightarrow{\text{OA}} \cdot \overrightarrow{\text{OB}} = \left|\overrightarrow{\text{OA}}\right|\left|\overrightarrow{\text{OB}}\right|\cos\theta = \sqrt{2^2 + (-1)^2 + 0^2} \times \sqrt{1^2 + 0^2 + 2^2}\cos\theta = 5\cos\theta$$

また,

$$\overrightarrow{\text{OA}} \cdot \overrightarrow{\text{OB}} = 2 \times 1 + (-1) \times 0 + 0 \times 2 = 2$$

なので,

$$\cos\theta = \frac{2}{5} \quad \therefore \sin^2\theta = 1 - \left(\frac{2}{5}\right)^2 = \frac{21}{25}$$

したがって, 求める答えは,

$$\overrightarrow{\text{OA}} \times \overrightarrow{\text{OB}} = \left|\overrightarrow{\text{OA}}\right|\left|\overrightarrow{\text{OB}}\right|\sin\theta = \sqrt{5} \times \sqrt{5} \times \sqrt{\frac{21}{25}} = \sqrt{21}$$

となります.

【問題6.6】三角形 ABC と点 P が $6\overrightarrow{PA}+3\overrightarrow{PB}+\overrightarrow{PC}=k\overrightarrow{BC}$ を満たしています. 点 P が三角形 ABC の内部にあるための k の必要十分条件を求めなさい.

（国家公務員Ⅱ種試験）

【解答】解図（問題6-6）を参照すればわかるように,

$$\overrightarrow{PC}=\overrightarrow{PB}+\overrightarrow{BC}\quad ゆえに,\quad \overrightarrow{BC}=\overrightarrow{PC}-\overrightarrow{PB}$$

ですので,

$$6\overrightarrow{PA}+3\overrightarrow{PB}+\overrightarrow{PC}=k\overrightarrow{BC}$$

に代入すれば,

$$6\overrightarrow{PA}+3\overrightarrow{PB}+\overrightarrow{PC}=k(\overrightarrow{PC}-\overrightarrow{PB})$$

ゆえに,

$$6\overrightarrow{PA}+(3+k)\overrightarrow{PB}+(1-k)\overrightarrow{PC}=0$$

点 P が三角形 ABC の内部にあるためには, $\overrightarrow{PA}$, $\overrightarrow{PB}$, $\overrightarrow{PC}$ の係数が正であればよいことから,

$$3+k>0\ \ より,\ \ k>-3$$

$$1-k>0\ \ より,\ \ k<1$$

以上より, 求める答えは,

$$-3<k<1$$

となります.

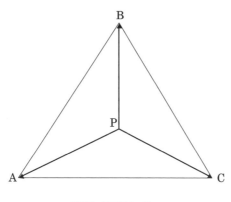

解図（問題6-6）

【問題 6.7】 図（問題 6-7）に示す △OAB において，OA を 3:1 に内分する点を C，OB を 2:1 に内分する点を D，線分 AD と線分 BC の交点を P とします．このとき，点 P の位置ベクトルをベクトル $\overrightarrow{OA}$ と $\overrightarrow{OB}$ を用いて表しなさい．

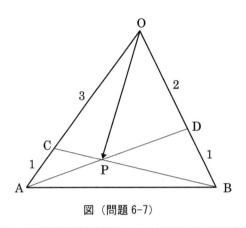

図（問題 6-7）

【解答】 点 P を線分 AD と線分 BC を分割する点（分点）と考えます．点 P は線分 AD を $s:1-s$ の比に分割する点とすれば，

$$\overrightarrow{OP} = \frac{s\overrightarrow{OD}+(1-s)\overrightarrow{OA}}{1-s+s} = (1-s)\overrightarrow{OA} + s \times \frac{2}{3}\overrightarrow{OB} \tag{a}$$

また，点 P は線分 BC を $t:1-t$ の比（線分 CB を $1-t:t$ の比）に分割する点とすれば，

$$\overrightarrow{OP} = \frac{(1-t)\overrightarrow{OB}+t\overrightarrow{OC}}{t+1-t} = t \times \frac{3}{4}\overrightarrow{OA} + (1-t)\overrightarrow{OB} \tag{b}$$

が成り立ちます．

式(a)と式(b)の係数比較を行えば，

$$1-s = \frac{3}{4}t \ , \quad \frac{2}{3}s = 1-t$$

これを解けば，$s=\dfrac{1}{2}$，$t=\dfrac{2}{3}$ となり，求める答えは，

$$\overrightarrow{OP} = \frac{1}{2}\overrightarrow{OA} + \frac{1}{3}\overrightarrow{OB}$$

となります．

【問題 6.8】図（問題 6-8）に示すように，△OAB において，OA=4，OB=3，$\overrightarrow{OA} \cdot \overrightarrow{OB} = 4$ とします．頂点 O から対辺 AB へ垂線を引き，この垂線と AB との交点を P とします．$\overrightarrow{OA} = \vec{a}$，$\overrightarrow{OB} = \vec{b}$ とするとき，$\overrightarrow{OP}$ を $\vec{a}$，$\vec{b}$ で表しなさい．

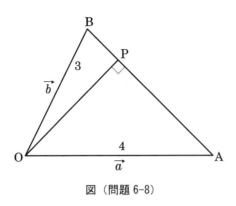

図（問題 6-8）

【解答】点 P は辺 AB 上の点ですので，t を実数とすれば，

$$\overrightarrow{AP} = t\overrightarrow{AB} \qquad (0 \leqq t \leqq 1)$$

と表せます．よって，

$$\overrightarrow{OP} = \overrightarrow{OA} + \overrightarrow{AP} = \vec{a} + t\overrightarrow{AB} = \vec{a} + t(\vec{b} - \vec{a}) \tag{a}$$

$$(\because\ \overrightarrow{AB} = \overrightarrow{AO} + \overrightarrow{OB} = -\vec{a} + \vec{b})$$

また，$\overrightarrow{OP} \perp \overrightarrow{AB}$ なので，

$$\overrightarrow{OP} \cdot \overrightarrow{AB} = \left\{\vec{a} + t(\vec{b} - \vec{a})\right\} \cdot (\vec{b} - \vec{a}) = 0 \tag{b}$$

式(b)を整理すれば，

$$(t-1)\vec{a} \cdot \vec{a} - (2t-1)\vec{a} \cdot \vec{b} + t\vec{b} \cdot \vec{b} = 0$$

ここに，$\vec{a} \cdot \vec{a} = |\vec{a}|^2 = 16$，$\vec{a} \cdot \vec{b} = 4$，$\vec{b} \cdot \vec{b} = |\vec{b}|^2 = 9$ を代入して t を求めれば，

$$t = \frac{12}{17}$$

したがって，式(a)に代入すれば，

$$\overrightarrow{OP} = \vec{a} + \frac{12}{17}(\vec{b} - \vec{a}) = \frac{5}{17}\vec{a} + \frac{12}{17}\vec{b}$$

となります．

【問題 6.9】 △ABC の内部に点 P があり，$12\overrightarrow{PA}+2\overrightarrow{PB}+\overrightarrow{PC}=\vec{0}$ が成り立つとき，各三角形の面積の比△PAB：△PBC：△PCA を求めなさい.

（労働基準監督官採用試験）

【解答】等式を**点 A を始点とするベクトル**で表すのが定石ですので，

$$12\overrightarrow{PA}+2\overrightarrow{PB}+\overrightarrow{PC}=12\overrightarrow{PA}+2(\overrightarrow{PA}+\overrightarrow{AB})+(\overrightarrow{PA}+\overrightarrow{AC})$$
$$=-12\overrightarrow{AP}+2(-\overrightarrow{AP}+\overrightarrow{AB})+(-\overrightarrow{AP}+\overrightarrow{AC})=\vec{0}$$

整理して，

$$\overrightarrow{AP}=\frac{2\overrightarrow{AB}+\overrightarrow{AC}}{15}=\frac{3}{15}\times\frac{2\overrightarrow{AB}+\overrightarrow{AC}}{1+2} \tag{a}$$

ここで，$\dfrac{2\overrightarrow{AB}+\overrightarrow{AC}}{1+2}=\overrightarrow{AD}$ とおけば，解図（問題 6-9）に示したように，点 D は線分 BC を 1：2 に内分する点であることがわかります. また，式(a)より，

$$\overrightarrow{AP}=\frac{3}{15}\times\overrightarrow{AD}$$

であり，点 P は線分 AD を 3：12 に内分する点であることがわかります.

　△PAB と△PBD は高さが等しいことから，面積の比は

$$△PAB：△PBD=3：12=1：4$$

△PCA と△PAB は底辺が等しく，高さが 2：1 なので，面積の比は

$$△PCA：△PAB=2：1$$

△PBD と△PDC は高さが等しいことから，面積の比は

$$△PBD：△PDC=1：2$$

したがって，△PAB の面積を s とすれば，

$$△PAB：△PBC(=△PBD+△PDC)：△PCA = s：(4s+2×4s)：2s = 1：12：2$$

となります.

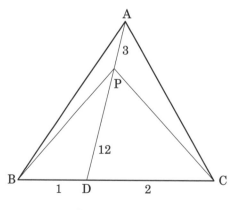

解図（問題 6-9）

【問題 6.10】 2 点 A$(0, 1, 2)$，　B$(1, 3, 5)$ を通る直線の方程式を求めなさい．

【解答】 ベクトル $\overrightarrow{AB}$ を求めれば，

$$\overrightarrow{AB}\left(= \overrightarrow{AO} + \overrightarrow{OB} = \overrightarrow{OB} - \overrightarrow{OA}\right) = (1-0, 3-1, 5-2) = (1, 2, 3)$$

となり，これが求める直線の**方向ベクトル**になっていますので，

$$\frac{x - x_1}{1} = \frac{y - y_1}{2} = \frac{z - z_1}{3}$$

(x_1, y_1, z_1) の座標として点 A の $(0, 1, 2)$ を代入すれば，求める直線の方程式は，

$$\frac{x - 0}{1} = \frac{y - 1}{2} = \frac{z - 2}{3} \quad ゆえに，\quad x = \frac{y - 1}{2} = \frac{z - 2}{3}$$

となります．なお，当然ですが，この直線の方程式は，点 B の $(1, 3, 5)$ を代入しても同じ結果が得られます．

【問題 6.11 ［やや難］】　3 次元の直交座標系のベクトル $\vec{u}_1 = (1, 1, 1)$，　$\vec{u}_2 = (2, -1, 3)$，$\vec{u}_3 = (4, 1, 5)$ の線形結合 $\vec{v} = a_1 \vec{u}_1 + a_2 \vec{u}_2 + a_3 \vec{u}_3$ において，係数 a_1，a_2，a_3 を実数の範囲で自由に変化させたときに v がとることのできる範囲を解答群の中から選びなさい．

1. 原点および点 $(1, 4, 0)$，　$(0, 3, -1)$ を通る平面
2. 原点および点 $(1, 2, -1)$，　$(2, 0, 1)$ を通る平面
3. 原点および点 $(3, 0, 4)$，　$(0, 2, -2)$ を通る平面
4. 原点および点 $(3, -3, 5)$ を通る直線
5. 三次元の空間全体

（国家公務員 II 種試験）

【解答】 $\vec{u}_3 = 2\vec{u}_1 + \vec{u}_2$ になりますので，ベクトル $\vec{u}_3$ は 1 次独立ではありません．これに対し，ベクトル $\vec{u}_1$ と $\vec{u}_2$ は 1 次独立ですので，この問題は，2 つの任意実数 b_1 と b_2 を用いて，

$$\vec{v} = b_1 \vec{u}_1 + b_2 \vec{u}_2 \tag{a}$$

と表されるベクトル $\vec{v}$ の集合を調べるのと同じになります（2 つの 1 次独立なベクトルの 1 次結合で表されるベクトルは平面ですので，答えは 1，2，3 のいずれかです）．

式(a)において，$b_1 = b_2 = 0$ とすれば原点となります．また，ベクトル $\vec{u}_1$ と $\vec{u}_2$ の外積 $\vec{u}_1 \times \vec{u}_2$（平面の法線ベクトル）を計算すれば，

$$\vec{u_1} \times \vec{u_2} = \left(\begin{vmatrix} 1 & -1 \\ 1 & 3 \end{vmatrix}, \begin{vmatrix} 1 & 3 \\ 1 & 2 \end{vmatrix}, \begin{vmatrix} 1 & 2 \\ 1 & -1 \end{vmatrix} \right) = (4, -1, -3)$$

となります.

ここで, 解答群の 1, 2, 3 について外積を計算すれば,

$$1. \quad (1, 4, 0) \times (0, 3, -1) = \left(\begin{vmatrix} 4 & 3 \\ 0 & -1 \end{vmatrix}, \begin{vmatrix} 0 & -1 \\ 1 & 0 \end{vmatrix}, \begin{vmatrix} 1 & 0 \\ 4 & 3 \end{vmatrix} \right) = (-4, 1, 3)$$

$$2. \quad (1, 2, -1) \times (2, 0, 1) = \left(\begin{vmatrix} 2 & 0 \\ -1 & 1 \end{vmatrix}, \begin{vmatrix} -1 & 1 \\ 1 & 2 \end{vmatrix}, \begin{vmatrix} 1 & 2 \\ 2 & 0 \end{vmatrix} \right) = (2, -3, -4)$$

$$3. \quad (3, 0, 4) \times (0, 2, -2) = \left(\begin{vmatrix} 0 & 2 \\ 4 & -2 \end{vmatrix}, \begin{vmatrix} 4 & -2 \\ 3 & 0 \end{vmatrix}, \begin{vmatrix} 3 & 0 \\ 0 & 2 \end{vmatrix} \right) = (-8, 6, 6)$$

となりますので, $\vec{u_1} \times \vec{u_2}$ に平行なのは 1 であることがわかります. なぜなら, $b_1 = 1$, $b_2 = -1$ とすれば, $\vec{u_1} = (1, 1, 1)$, $\vec{u_2} = (-2, 1, -3)$ となって,

$$\vec{u_1} \times \vec{u_2} = \left(\begin{vmatrix} 1 & 1 \\ 1 & -3 \end{vmatrix}, \begin{vmatrix} 1 & -3 \\ 1 & -2 \end{vmatrix}, \begin{vmatrix} 1 & -2 \\ 1 & 1 \end{vmatrix} \right) = (-4, 1, 3) = -(4, -1, -3)$$

となるからです. したがって, この問題の答えは 1 となります.

【問題 6.12】次の 2 直線 ℓ, m が直交するとき, その交点を求めなさい.

$$\ell : \frac{x+1}{-1} = \frac{y-a}{2} = \frac{z+3}{-3} \qquad \text{(a)}$$

$$m : \frac{x-3}{2} = \frac{y+6}{b} = \frac{z+3}{-6} \qquad \text{(b)}$$

【解答】直線 ℓ, m が直交しますので, それぞれの方向ベクトルも直交します. 直線 ℓ の方向ベクトルは $(-1, 2, -3)$, 直線 m の方向ベクトルは $(2, b, -6)$ ですので, **直交条件 (内積が 0)** より,

$$-1 \times 2 + 2 \times b + (-3) \times (-6) = 0 \quad \text{ゆえに,} \quad b = -8$$

ここで,

$$\ell : \frac{x+1}{-1} = \frac{y-a}{2} = \frac{z+3}{-3} = t \quad (t \text{ は媒介変数})$$

$$m : \frac{x-3}{2} = \frac{y+6}{b} = \frac{z+3}{-6} = s \quad (s \text{ は媒介変数})$$

とすれば，

$$\ell : \begin{cases} x = -t - 1 \\ y = 2t + a \\ z = -3t - 3 \end{cases} \qquad m : \begin{cases} x = 2s + 3 \\ y = -8s - 6 \\ z = -6s - 3 \end{cases}$$

そこで，交点を求めるため，

$$-t - 1 = 2s + 3$$
$$-3t - 3 = -6s - 3$$

の 2 つの式から t と s を求めれば，

$$t = -2, \quad s = -1$$

これを

$$2t + a = -8s - 6$$

に代入して a を求めれば，

$$a = 6$$

となります．

　したがって，

$$x = -t - 1 = -(-2) - 1 = 1$$
$$y = 2t + a = 2 \times (-2) + 6 = 2$$
$$z = -3t - 3 = -3 \times (-2) - 3 = 3$$

となって，交点の座標は，

$$(1, 2, 3)$$

となります．

【問題 6.13】 xyz 空間において，次の式で表される直線 ℓ と平面 P があります．

直線 ℓ ：　$\dfrac{x-3}{6} = \dfrac{y+2}{5} = \dfrac{z+1}{-2}$　　　　(a)

平面 P ：　$3x + ay - z + 2 = 0$　　　　　(b)

いま，直線 ℓ と平面 P が平行であるとき，定数 a の値を求めなさい．

（国家公務員 II 種試験）

【解答】 直線 ℓ の方向ベクトルは $\vec{p} = (6, 5, -2)$，平面 P の法線ベクトルは $\vec{n} = (3, a, -1)$ です．直線 ℓ と平面 P が平行のときは，直線 ℓ の方向ベクトル $\vec{p}$ と平面 P の法線ベクトル $\vec{n}$ の内積が 0，すなわち，

$$\vec{p} \cdot \vec{n} = 0$$

の関係が成立しますので，

$$\vec{p} \cdot \vec{\ell} = (6, 5, -2)(3, a, -1) = 18 + 5a + 2 = 0$$

よって，

$$a = -4$$

となります．

【問題 6.14】 直線 $x = y = -z$ を含み，平面 $x + y + 2z = 0$ とのなす角が $\dfrac{\pi}{3}$ であるような平面の方程式を求めなさい．

【解答】 直線 $x = y = -z$ は，2 つの平面 $x - y = 0$，$y + z = 0$ の交線ですので，この直線を含む平面は，k と ℓ を定数とすれば，

$$k(x - y) + \ell(y + z) = 0 \quad \text{ゆえに，} \quad kx + (\ell - k)y + \ell z = 0 \tag{a}$$

のように記述することができます．

ところで，式(a)の法線ベクトルの成分は $(k, \ell - k, \ell)$ です．また，平面 $x + y + 2z = 0$ の法線ベクトルの成分は $(1, 1, 2)$ ですので，式(a)と平面 $x + y + 2z = 0$ とのなす角が $\dfrac{\pi}{3}$ であるという条件から，

$$\cos\frac{\pi}{3} = \frac{1}{2} = \frac{k \times 1 + (\ell - k) \times 1 + \ell \times 2}{\sqrt{k^2 + (\ell - k)^2 + \ell^2} \times \sqrt{1^2 + 1^2 + 2^2}} \quad \text{ゆえに，} \quad k^2 - \ell k - 2\ell^2 = 0$$

因数分解すれば，

$$(k + \ell)(k - 2\ell) = 0$$

$k = -\ell$ と $k = 2\ell$ において $\ell = 1$ とすれば，

$$(k, \ell) = (-1, 1) \quad \text{または} \quad (k, \ell) = (2, 1)$$

したがって，求める平面は式(a)に代入して，

$$-x + 2y + z = 0$$
$$2x - y + z = 0$$

となります．

【問題 6.15】 4 点 A(1, 0, 0)，B(0, 2, 0)，C(0, 0, 3)，P(2, a, -1)が同一平面上にあるとき，
a の値を求めなさい.

（労働基準監督官採用試験）

【解答】 3 次元空間内の 4 点 A,B,C,D が同一平面上にあるための条件は，
「3 点 A,B,C が同一直線上にある」，または，「$\overrightarrow{AD} = p\overrightarrow{AB} + q\overrightarrow{AC}$ を満たす実数 p，q が存在
する」というものです.

このうち，後者の条件は，
「A,B,C が同一直線上にないとき，3 点を通る平面が 1 つ定まり，その平面上の点は
$p\overrightarrow{AB} + q\overrightarrow{AC}$ という形で表される」と言い換えると理解しやすいかもしれません.

そこで，$\overrightarrow{AP} = p\overrightarrow{AB} + q\overrightarrow{AC}$ を計算すれば，
$$(2-1, a-0, -1-0) = p(0-1, 2-0, 0-0) + q(0-1, 0-0, 3-0)$$
整理して，
$$(1, a, -1) = p(-1, 2, 0) + q(-1, 0, 3)$$
それゆえ，
$$1 = -p - q, \quad a = 2p, \quad -1 = 3q$$
から，
$$p = -\frac{2}{3}, \quad q = -\frac{1}{3}$$
となり，求める答えは，
$$a = -\frac{4}{3}$$
となります.

【問題 6.16】 xyz 座標系において，点 $P(4,6,6)$ から，直線 $\ell : x-2=\dfrac{y-3}{2}=\dfrac{z-4}{3}$ に下ろした垂線と ℓ との交点を H とするとき，PH の長さを求めなさい．

（国家公務員II種試験）

【解答】 t を媒介変数パラメータとして，

$$x-2=\dfrac{y-3}{2}=\dfrac{z-4}{3}=t \tag{a}$$

とすれば，

$$x=t+2$$
$$y=2t+3$$
$$z=3t+4$$

点 $P(4,6,6)$ から直線 ℓ までの距離を d とすれば，

$$d^2=(x-4)^2+(y-6)^2+(z-6)^2=(t-2)^2+(2t-3)^2+(3t-2)^2$$
$$=14t^2-28t+17 \tag{b}$$

$d^2=y$ とおけば，

$$y=14t^2-28t+17$$

PH の長さは最短になっていますので，$\dfrac{dy}{dx}=0$ （y が極小値をとるための条件）より得られる $t=1$ を式(b)に代入すれば，

$$d^2=3$$

よって，PH の長さは $\sqrt{3}$ となります．

【問題 6.17】 2 つの直線 $\ell : 5-x=\dfrac{y-3}{-2}=z-1$，$m : \dfrac{x+1}{3}=y-2=\dfrac{z+1}{2}$ があります．今，直線 ℓ 上の点を P，直線 m 上の点を Q としたとき，長さ $\overline{PQ}$ の最短距離を求めなさい．

【解答】 直線 ℓ と直線 m の表示を改めるとともに，それぞれの媒介パラメータを t，s とすれば，

$$\ell : \dfrac{x-5}{-1}=\dfrac{y-3}{-2}=\dfrac{z-1}{1}=t,$$
$$m : \dfrac{x+1}{3}=\dfrac{y-2}{1}=\dfrac{z+1}{2}=s$$

したがって，直線 ℓ 上の点 P，直線 m 上の点 Q の座標は，

$$P(-t+5, -2t+3, t+1), \quad Q(3s-1, s+2, 2s-1)$$

と記述でき，ベクトル $\overrightarrow{\mathrm{PQ}}$ の成分は，

$$\overrightarrow{\mathrm{PQ}} = (3s+t-6, \ s+2t-1, 2s-t-2) \tag{a}$$

となります.

解図（問題 6-17）からもわかるように，$\overrightarrow{\mathrm{PQ}}$ の長さが最短になるときは，$\overrightarrow{\mathrm{PQ}} \perp \ell$，$\overrightarrow{\mathrm{PQ}} \perp m$

であり，直線 ℓ と直線 m の方向ベクトルはそれぞれ

$$\vec{\ell} = (-1, -2, 1), \quad \vec{m} = (3, 1, 2)$$

です．したがって，

$$\overrightarrow{\mathrm{PQ}} \cdot \vec{\ell} = (3s+t-6) \times (-1) + (s+2t-1) \times (-2) + (2s-t-2) \times 1 = -3s-6t+6 = 0$$
$$\overrightarrow{\mathrm{PQ}} \cdot \vec{m} = (3s+t-6) \times 3 + (s+2t-1) \times 1 + (2s-t-2) \times 2 = 14s+3t-23 = 0$$

これより，

$$s = \frac{8}{5}, \quad t = \frac{1}{5}$$

が得られ，式(a)に代入すれば，

$$\overrightarrow{\mathrm{PQ}} = (-1, 1, 1)$$

となります．よって，

$$|\overrightarrow{\mathrm{PQ}}|^2 = (-1)^2 + 1^2 + 1^2 = 3$$

となり，最短距離は，

$$|\overrightarrow{\mathrm{PQ}}| = \sqrt{3}$$

と求まります.

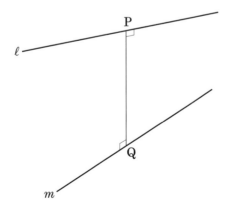

解図（問題 6-17）

【問題 6.18】球面 S : $x^2 + y^2 + z^2 - 8x - 4y - 4z + 8 = 0$ と平面 π : $2x + 2y + z - 5 = 0$ の交わり C は円になります．その円の中心 A の座標と半径を求めなさい．

【解答】球面 S は，

$$(x-4)^2 + (y-2)^2 + (z-2)^2 = 4^2$$

と変形できますので，この球は中心 O の座標が $O(4, 2, 2)$ で，半径が 4 であることがわかります．

交わり C において，円の中心 A の座標を解図（問題 6-18）に示すように，

$$A(a, b, c)$$

とします．ベクトル $\overrightarrow{OA}$ の成分は $(a-4, b-2, c-2)$ で，平面 π の法線ベクトルの成分は $(2, 2, 1)$ です．ベクトル $\overrightarrow{OA}$ は平面 π の法線ベクトルと同じ方向を向いています（平行になっています）ので，k を定数とすれば，

$$a - 4 = 2k, \quad b - 2 = 2k, \quad c - 2 = k \tag{a}$$

と表されます．また，A は平面 π 上の点ですので，

$$2a + 2b + c - 5 = 0 \tag{b}$$

が成立します．したがって，式(a)と式(b)から $k = -1$ が得られ，A の座標は

$$(a, b, c) = (2k+4, 2k+2, k+2) = (2, 0, 1)$$

となります．

長さ $\overline{OA}$ は，解図（問題 6-18）にも付記したように，

$$\overline{OA} = \sqrt{(4-2)^2 + (2-0)^2 + (2-1)^2} = 3$$

ですので，円の半径は，三平方の定理から

$$\sqrt{4^2 - 3^2} = \sqrt{7}$$

となります．

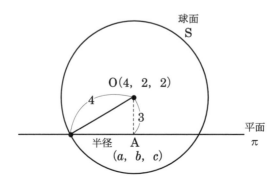

解図（問題 6-18）

【問題 6.19】 xyz空間において，次の式で表される球Sと直線ℓがあります．

　球S : $(x-1)^2+(y+1)^2+(z-2)^2=4$

　直線ℓ : $\dfrac{x-3}{6}=\dfrac{y+1}{a}=\dfrac{z+1}{-3}$　　$(a>0)$

いま，球Sと直線ℓが接しているとき，定数aの値を求めなさい．

（国家公務員Ⅱ種試験）

【解答】 球Sと直線ℓの接点を A とすれば，A は直線ℓ上の点ですので，tを媒介パラメータとすれば，

$$\frac{x-3}{6}=\frac{y+1}{a}=\frac{z+1}{-3}=t$$

より，

$$x=6t+3$$
$$y=at-1$$
$$z=-3t-1$$

となります．

　A 点は球S上の点でもあることから，

$$(6t+3-1)^2+(at-1+1)^2+(-3t-1-2)^2=4$$

よって，

$$(a^2+45)t^2+42t+9=0 \tag{a}$$

また，球Sの中心 O の座標は$(1,-1,2)$ですので，ベクトル$\overrightarrow{\mathrm{OA}}$の成分を求めれば，

$$\overrightarrow{\mathrm{OA}}=(6t+3-1,\,at-1+1,\,-3t-1-2)=(6t+2,\,at,\,-3t-3)$$

となります．さらに，直線ℓの方向ベクトル$\vec{\ell}$は，

$$\vec{\ell}=(6,\,a,\,-3)$$

で与えられます．ベクトル$\vec{\ell}$とベクトル$\overrightarrow{\mathrm{OA}}$は直交しますので，内積$\vec{\ell}\cdot\overrightarrow{\mathrm{OA}}$は，

$$\vec{\ell}\cdot\overrightarrow{\mathrm{OA}}=|\vec{\ell}||\overrightarrow{\mathrm{OA}}|\cos90°=0$$

でなければなりません．よって，

$$6\times(6t+2)+a\times at+(-3)\times(-3t-3)=0$$

ゆえに，

$$(a^2+45)t+21=0 \tag{b}$$

式(a)と式(b)からtを消去すれば，

$$a^2=4$$

$a>0$ですので，答えは$a=2$となります．

【問題 6.20 [やや難]】点 P(1,1,1) を中心とする球面 S があり，S 上の点 A(2,3,3) で平面 π_1 が，また，S 上の点 B(3,0,-1) で平面 π_2 がそれぞれ S と接しています．このとき，π_1 と π_2 の交わりの直線として正しものを選びなさい．

1. $\dfrac{x-8}{2} = \dfrac{y+2}{-6} = \dfrac{z-5}{5}$

2. $\dfrac{x-6}{3} = \dfrac{y-5}{-11} = \dfrac{z+1}{9}$

3. $x = y-3 = z-3$

4. $\dfrac{x-1}{5} = \dfrac{y+3}{3} = \dfrac{z-4}{2}$

5. $x-3 = \dfrac{y-1}{-4} = \dfrac{z-4}{3}$

【解答】π_1 と π_2 は球面 S の接平面になっていますので，

$$\mathrm{PA} \perp \pi_1, \quad \mathrm{PB} \perp \pi_2$$

の関係が成立します．当然ですが，π_1 と π_2 の交わりの直線も PA と PB の両方に垂直になっており，**交わりの直線の方向は外積$\overrightarrow{\mathrm{PA}} \times \overrightarrow{\mathrm{PB}}$の方向**となっています．ところで，

$$\overrightarrow{\mathrm{PA}} = (2-1, 3-1, 3-1) = (1, 2, 2)$$
$$\overrightarrow{\mathrm{PB}} = (3-1, 0-1, -1-1) = (2, -1, -2)$$

ですので，外積$\overrightarrow{\mathrm{PA}} \times \overrightarrow{\mathrm{PB}}$を計算すれば，

$$\overrightarrow{\mathrm{PA}} \times \overrightarrow{\mathrm{PB}} = \left(\begin{vmatrix} 2 & -1 \\ 2 & -2 \end{vmatrix}, \begin{vmatrix} 2 & -2 \\ 1 & 2 \end{vmatrix}, \begin{vmatrix} 1 & 2 \\ 2 & -1 \end{vmatrix} \right)$$

となります．ここに，行列式は，

$$\begin{vmatrix} 2 & -1 \\ 2 & -2 \end{vmatrix} = 2 \times (-2) - (-1) \times 2 = -2, \quad \begin{vmatrix} 2 & -2 \\ 1 & 2 \end{vmatrix} = 2 \times 2 - (-2) \times 1 = 6$$
$$\begin{vmatrix} 1 & 2 \\ 2 & -1 \end{vmatrix} = 1 \times (-1) - 2 \times 2 = -5$$

ですので，

$$\overrightarrow{\mathrm{PA}} \times \overrightarrow{\mathrm{PB}} = (-2, 6, -5)$$

ゆえに，交わりの直線の方向ベクトルは，

$$(-2, 6, -5) = -(2, -6, 5)$$

となり，求める答えは 1 であることがわかります．

第 7 章

複素数

●複素数の絶対値

虚部の符号だけが異なる複素数 $z = a + bi$ と $\bar{z} = a - bi$（i は虚数単位）はたがいに共役であり，$\bar{z}$ を z の**共役複素数**といいます．また，

$$|z| = \sqrt{z \cdot \bar{z}} = \sqrt{a^2 + b^2}$$

を **z の絶対値**といいます．

●<ruby>極形式<rt>きょくけいしき</rt></ruby>

図 7-1 のように，複素数 $z = a + bi$ が複素数平面に対応する点を P とし，$\mathrm{OP} = r$，OP と実軸のなす角を θ とすると，

$$z = a + bi = r(\cos\theta + i\sin\theta)$$

と書くことができ，この表現を複素数の**極形式**といいます．また，θ を複素数 z の**偏角**といい，$\arg z$ と表します．

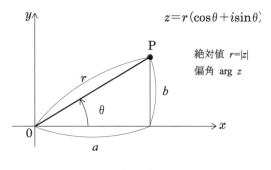

図 7-1　極形式

●複素数の乗法・除法

$z_1 = r_1(\cos\theta_1 + i\sin\theta_1)$，$z_2 = r_2(\cos\theta_2 + i\sin\theta_2)$ のとき，

$$z_1 z_2 = r_1 r_2 \{\cos(\theta_1 + \theta_2) + i\sin(\theta_1 + \theta_2)\}$$

$$\frac{z_1}{z_2} = \frac{r_1}{r_2}\{\cos(\theta_1 - \theta_2) + i\sin(\theta_1 - \theta_2)\}$$

となります．

●ド・モアブルの定理

以下の定理を，**ド・モアブルの定理**といいます．

$$(\cos\theta + i\sin\theta)^n = \cos n\theta + i\sin n\theta \qquad (n は整数)$$

●実数係数方程式の虚数解の公式

実数係数の n 次方程式において，「虚数 $a+bi$ が解ならば，共役な複素数 $a-bi$ も解（a，b は実数，i は虚数単位）となる」ことが知られています．

【**問題 7.1**】実数 a，b が $\left(a^2+2ab+8\right)+\left(a^2+4a+4b\right)i=0$ を満たす時，b の値を解答群から選びなさい．ただし i は虚数単位とします．

1. −4
2. −3
3. −2
4. 2
5. 4

(国家公務員一般職試験)

【**解答**】複素数の相等条件から，

$$a^2 + 2ab + 8 = 0 \qquad\qquad\qquad (a)$$
$$a^2 + 4a + 4b = 0 \qquad\qquad\qquad (b)$$

が成り立ちます．ここでは，解答群を利用します．

1 の $b=-4$ であれば，式(a)より

$$a^2 - 8a + 8 = 0$$

ただし，この式は簡単に因数分解できませんので，答えの可能性が低いと考えて，次の解答群について検討します．

2 の $b=-3$ であれば，式(a)は

$$a^2 - 6a + 8 = 0 \quad \therefore (a-4)(a-2) = 0$$

よって，

$$a = 4 \quad \text{or} \quad 2$$

となり，$a=2$ と $b=-3$ を式(b)に代入すれば，

$$a^2 + 4a + 4b = 2^2 + 4\times 2 + 4\times(-3) = 0$$

したがって，求める答えは，2 の

$$b = -3$$

となります．

参考までに,

3 の $b=-2$ であれば, 式(a)より

$$a^2 - 4a + 8 = 0$$

4 の $b=2$ であれば, 式(a)より

$$a^2 + 4a + 8 = 0$$

5 の $b=4$ であれば, 式(a)より

$$a^2 + 8a + 8 = 0$$

となって, それぞれの式は簡単に因数分解できません.

　国家公務員試験の一般職試験では, 3 時間で 40 題の専門試験問題を解く必要があります. それゆえ, **解答群の答えを利用して正解を導き出す方法もテクニックとして覚えておきましょう.**

【問題 7.2】 $x = \dfrac{1-\sqrt{3}i}{1+\sqrt{3}i}$, $y = \dfrac{1+\sqrt{3}i}{1-\sqrt{3}i}$ のとき, $x^3 + y^3$ の値を求めなさい.

（国家公務員一般職試験）

【解答】 x^3 と y^3 を計算すれば,

$$x^3 = \left(\frac{1-\sqrt{3}i}{1+\sqrt{3}i}\right)^2 \left(\frac{1-\sqrt{3}i}{1+\sqrt{3}i}\right) = \frac{-2(1+\sqrt{3}i)}{-2(1-\sqrt{3}i)} \times \frac{1-\sqrt{3}i}{1+\sqrt{3}i} = \frac{1+3}{1+3} = 1$$

$$y^3 = \left(\frac{1+\sqrt{3}i}{1-\sqrt{3}i}\right)^2 \left(\frac{1+\sqrt{3}i}{1-\sqrt{3}i}\right) = \frac{-2(1-\sqrt{3}i)}{-2(1+\sqrt{3}i)} \times \frac{1+\sqrt{3}i}{1-\sqrt{3}i} = \frac{1+3}{1+3} = 1$$

したがって, $x^3 + y^3$ の値は,

$$x^3 + y^3 = 1 + 1 = 2$$

となります.

【問題 7.3】 2 次方程式 $x^2 + 5x + 7 = 0$ の 2 つの解を α, β とするとき, $(\alpha^2 + 7\alpha + 12)(\beta^2 + 7\beta + 12)$ の値を求めなさい.

（国家公務員一般職試験）

【解答】 2 次方程式 $x^2 + 5x + 7 = 0$ の解は,

$$x = \frac{-5 \pm \sqrt{5^2 - 4 \times 1 \times 7}}{2 \times 1} = \frac{-5 \pm \sqrt{3}i}{2}$$

2つの解 α , β を,

$$\alpha = \frac{-5+\sqrt{3}i}{2}, \quad \beta = \frac{-5-\sqrt{3}i}{2}$$

とおけば,

$$\alpha^2 = \frac{1}{4}(25 - 10\sqrt{3}i - 3) = \frac{11 - 5\sqrt{3}i}{2}$$

$$\beta^2 = \frac{1}{4}(25 + 10\sqrt{3}i - 3) = \frac{11 + 5\sqrt{3}i}{2}$$

したがって,

$$(\alpha^2 + 7\alpha + 12)(\beta^2 + 7\beta + 12) = \left(\frac{11 - 5\sqrt{3}i}{2} + \frac{-35 + 7\sqrt{3}i}{2} + 12\right)\left(\frac{11 + 5\sqrt{3}i}{2} + \frac{-35 - 7\sqrt{3}i}{2} + 12\right)$$

$$= \left(\frac{-24 + 2\sqrt{3}i}{2} + 12\right)\left(\frac{-24 - 2\sqrt{3}i}{2} + 12\right) = \left(\sqrt{3}i\right)\left(-\sqrt{3}i\right) = 3$$

となります.

【問題 7.4】 $z_1 = \dfrac{\sqrt{3}+i}{2}$, $z_2 = -1 + \sqrt{3}i$ であるとき,次の複素数の絶対値と偏角を求めなさい.ただし,偏角 θ は $-180° < \theta \leqq 180°$ とします.

(1) $\alpha = z_1 z_2$ (2) $\beta = z_1 / z_2$

【解答】 z_1 と z_2 の絶対値と偏角は,それぞれ以下のようになります.

$$z_1 = \frac{\sqrt{3}+i}{2} = 1 \times (\cos 30° + i\sin 30°)$$ なので,絶対値は $|z_1| = 1$,偏角は $\arg z_1 = 30°$

$$z_2 = -1 + \sqrt{3}i = 2\left(-\frac{1}{2} + \frac{\sqrt{3}}{2}i\right) = 2 \times (\cos 120° + i\sin 120°)$$ なので,

$$絶対値は |z_2| = 2 ,偏角は \arg z_2 = 120°$$

したがって,(1)と(2)の答えは以下のようになります.

(1) $|\alpha| = |z_1 z_2| = 2$, $\arg\alpha = \arg z_1 z_2 = \arg z_1 + \arg z_2 = 150°$

もちろん,

$$\alpha = z_1 z_2 = 1 \times (\cos 30° + i\sin 30°) \times 2 \times (\cos 120° + i\sin 120°) = 2 \times (\cos 150° + i\sin 150°)$$

としてから求めても構いません.

(2)　$|\beta| = \left|\dfrac{z_1}{z_2}\right| = \dfrac{1}{2}$,　$\arg \beta = \arg \dfrac{z_1}{z_2} = \arg z_1 - \arg z_2 = -90°$

もちろん,

$$\beta = z_1 / z_2 = \frac{1 \times (\cos 30° + i \sin 30°)}{2 \times (\cos 150° + i \sin 150°)} = \frac{1}{2}\{\cos(-90°) + i \sin(-90°)\}$$

としてから求めても構いません.

【問題 7.5】 複素数 $z = x + iy$ （ i は虚数単位）を用いて, $\left|\dfrac{z-1}{z+1}\right| = 3$ で表される z はどのような軌跡を描くか答えなさい.

【解答】 $\left|\dfrac{z-1}{z+1}\right| = 3$ は,

$$|z - 1| = 3|z + 1|$$

と表されますので,

$$|z - 1|^2 = 3^2 |z + 1|^2$$

ここで,

$$|z - 1| = |x - 1 + iy| = \sqrt{(x-1)^2 + y^2}$$

$$|z + 1| = |x + 1 + iy| = \sqrt{(x+1)^2 + y^2}$$

であることに留意すれば,

$$(x-1)^2 + y^2 = 9\{(x+1)^2 + y^2\}$$

整理して,

$$8x^2 + 20x + 8 + 8y^2 = 0 \quad \text{ゆえに,} \quad \left(x + \frac{5}{4}\right)^2 + y^2 = \frac{9}{16}$$

したがって, 中心が $\left(-\dfrac{5}{4}, 0\right)$, 半径が $\dfrac{3}{4}$ の円を表します.

【問題 7.6】 3次方程式 $x^3 - 3x^2 + ax + b = 0$ の解の 1 つが $-1 + \sqrt{3}i$ であるとき，実数である a，b の和を求めなさい．

（国家公務員 II 種試験「農業土木」）

【解答】 $-1 + \sqrt{3}i$ が 1 つの解ですので，**実数係数方程式の虚数解の公式**より，共役な複素数である $-1 - \sqrt{3}i$ も解になっています．それゆえ，もう 1 つの解を c とすれば，

$$\left\{x - (-1 + \sqrt{3}i)\right\}\left\{x - (-1 - \sqrt{3}i)\right\}(x - c) = 0$$

ゆえに，

$$x^3 + (2 - c)x^2 + (4 - 2c)x - 4c = 0$$

したがって，$x^3 - 3x^2 + ax + b = 0$ と係数比較を行えば，

$$2 - c = -3, \quad 4 - 2c = a, \quad -4c = b$$

よって，

$$a = -6, \quad c = 5, \quad b = -20$$

となり，求める答えは，

$$a + b = -6 - 20 = -26$$

となります．

【問題 7.7[やや難]】 方程式 $z^4 = -8 + 8\sqrt{3}i$ の 4 つの解 $z_k = a_k + b_k i \ (k = 1, 2, 3, 4)$ を，座標平面上に点 $P_k(a_k, b_k)$ として表したとき，四角形 $P_1 P_2 P_3 P_4$ の面積 S を求めなさい．ただし，a_k，b_k は実数とします．

（国家公務員 I 種試験）

【解答】 一般に，複素数の n 乗根に関する問題は，**ド・モアブルの定理**を利用します．そこで，まず，

$$-8 + 8\sqrt{3}i = 16\left(-\frac{1}{2} + \frac{\sqrt{3}}{2}i\right) = 16(\cos 120° + i \sin 120°)$$

と変形します．ド・モアブルの定理より，

$$z^4 = \left\{r(\cos\theta + i\sin\theta)\right\}^4 = r^4(\cos 4\theta + i\sin 4\theta) = 16(\cos 120° + i\sin 120°)$$

絶対値と偏角を比較すれば，

絶対値：$r^4 = 16$　ただし，$r > 0$ なので絶対値は $r = 2$

偏角：$4\theta = 120° + 360° \times k$　（k は整数）　ただし，$0° \leqq \theta < 30° + 90° \times k$ の範囲で考えると

$$k = 0, 1, 2, 3$$

よって,

(1) $k = 0$ のときは $\theta = 30°$ となり,

　$z = 2(\cos 30° + i \sin 30°) = \sqrt{3} + i$　ゆえに,　$P_1\left(\sqrt{3}, 1\right)$

(2) $k = 1$ のときは $\theta = 120°$ となり,

　$z = 2(\cos 120° + i \sin 120°) = -1 + \sqrt{3}i$　ゆえに,　$P_2\left(-1, \sqrt{3}\right)$

(3) $k = 2$ のときは $\theta = 210°$ となり,

　$z = 2(\cos 210° + i \sin 210°) = -\sqrt{3} - i$　ゆえに,　$P_3\left(-\sqrt{3}, -1\right)$

(4) $k = 3$ のときは $\theta = 300°$ となり,

　$z = 2(\cos 300° + i \sin 300°) = 1 - \sqrt{3}i$　ゆえに,　$P_4\left(1, -\sqrt{3}\right)$

したがって, P_1P_2, P_2P_3, P_3P_4, P_4P_1 の長さは,

$$P_1P_2 = \sqrt{\left(\sqrt{3}+1\right)^2 + \left(1-\sqrt{3}\right)^2} = \sqrt{8}, \quad P_2P_3 = \sqrt{\left(-1+\sqrt{3}\right)^2 + \left(\sqrt{3}+1\right)^2} = \sqrt{8}$$

$$P_3P_4 = \sqrt{\left(-\sqrt{3}-1\right)^2 + \left(-1+\sqrt{3}\right)^2} = \sqrt{8}, \quad P_4P_1 = \sqrt{\left(1-\sqrt{3}\right)^2 + \left(-\sqrt{3}-1\right)^2} = \sqrt{8}$$

以上より, 四角形 $P_1P_2P_3P_4$ は一辺が $\sqrt{8}$ の正方形なので, 求める面積 S は,

$$S = \sqrt{8} \times \sqrt{8} = 8$$

となります.

第8章

場合の数と確率

●積の法則と和の法則

2つのことがらA，Bについて，

(1) Aの起こり方がm通りあり，そのそれぞれの起こり方に対して，Bの起こりがn通りあるとき，AとBがともに起こる場合の数は，

$$m \times n \text{ 通り}$$

あります（**積の法則**）．

(2) A，Bは同時に起こらないとき，Aの起こり方がm通り，Bの起こりがn通りあるとき，AまたはBが起こる場合の数は，

$$m + n \text{ 通り}$$

あります（**和の法則**）．

●共通部分と和集合

集合A，Bにおいて，

A，Bの共通部分は$A \cap B$（AかつBと読みます）

A，Bの和集合は$A \cup B$（AまたはBと読みます）

で表します（図8-1を参照）．

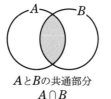 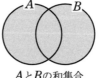

AとBの共通部分　　　　AとBの和集合
$A \cap B$　　　　　　　　$A \cup B$

図8-1　共通部分と和集合

●ド・モルガンの法則

図8-2に示した集合の図を用いると，以下の**ド・モルガンの法則**を理解できると思います．

$$\overline{A \cup B} = \overline{A} \cap \overline{B}, \quad \overline{A \cap B} = \overline{A} \cup \overline{B}$$

なお，￣は全体集合に対する補集合で，たとえば$\overline{A}$はAに属さない集合のことを表しています．

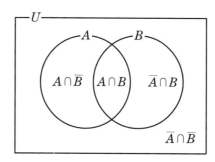

図 8-2　集合の図

●順 列

(1) 異なる n 個のものから r 個とって並べる順列

　異なる n 個のものから，r 個とって並べる順列の総数 ${}_n\mathrm{P}_r$ は，

$$ {}_n\mathrm{P}_r = \frac{n!}{(n-r)!} \qquad (n \geqq r) $$

で求まります．なお，異なる n 個のものから，n 個とって並べるときは，

$$ {}_n\mathrm{P}_n = \frac{n!}{(n-n)!} = \frac{n!}{0!} = n! = n(n-1)(n-2) \times \cdots \times 1 \ 通り $$

$$ (\because \ 0! = 1) $$

となりますが，これを**階乗の公式**といいます．

　ちなみに，順列の計算では，

$$ {}_n\mathrm{P}_n = n!, \quad {}_n\mathrm{P}_0 = 1 $$

となります．

【例（順列）】男性 5 人，女性 3 人から，男女のペア 3 組の作り方は，男性 3 人を選んで女性に対応させればよいので，

$$ {}_5\mathrm{P}_3 = \frac{5!}{(5-3)!} = 60 \ 通り $$

となります．

(2) 円順列

　異なる n 個のものを円形（環状）に並べる順列（円順列）の総数は，

$$ (n-1)! \ 通り $$

となります．これは，図 8-3 からわかるように，異なる n 個の円順列では，1 つの基準を定めて，そこから一定方向に他の席を考えると席にはすべての区別がつき，残り $(n-1)$ の順列の数は一列に並ぶ場合と同じく $(n-1)!$ 通りとなるからです．

　一方，異なる n 個から r 個選んだ円順列の総数は，

$$ \frac{{}_n\mathrm{P}_r}{r} \ 通り $$

となります.

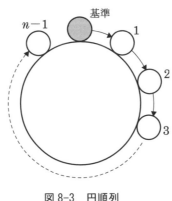

図 8-3　円順列

【例（円順列）】7 人の中から 5 人選んで円形に並べる方法は,

$$\frac{_7\mathrm{P}_5}{5} = \frac{7 \times 6 \times 5 \times 4 \times 3 \times 2 \times 1}{5 \times 2!} = 504 \text{ 通り}$$

となります（人を a〜e に置き換えると，abcde, bcdea, cdeab, deabc, eabcd は円形に並ぶと同じ円順列になります）.

(3) 数珠順列

異なる n 個のものを数珠に並べる順列（数珠順列）の総数は，裏返すと同じになるものが 2 つずつ含まれていますので,

$$\frac{(n-1)!}{2} \text{ 通り}$$

となります.

【例（数珠順列)】異なる 7 個の宝石で首飾りを作る方法は,

$$\frac{(7-1)!}{2} = 360 \text{ 通り}$$

あります.

(4) 重複順列

異なる n 個のものから，重複を許して r 個取り出す順列（重複順列）の総数は,

$$n^r \text{ 通り}$$

あります.

【例(重複順列)】6 人がじゃんけんを 1 回するとき，6 人のグー，チョキ，パーの出し方は,

$$3^6 = 729 \text{ 通り}$$

となります（1 人の出し方はグー，チョキ，パーの 3 通り．その他の 5 人もそれぞれ 3 通りずつの出し方があります）.

(5) 同じものを含む順列

a が p 個，b が q 個，c が r 個の合計 n 個のものがあるとき，これら n 個のものをすべて一列に並べる並べ方の総数は，

$$\frac{n!}{p!q!r!} \text{ 通り}\qquad(\text{ただし，}\ p+q+r=n)$$

あります．

【例（同じものを含む順列）】 1，1，2，2，2，3 の 6 個の数字をすべて用いてできる 6 桁の整数は全部で，

$$\frac{6!}{2!\times3!\times1!}=\frac{6\times5\times4\times3\times2\times1}{(2\times1)\times(3\times2\times1)\times1}=60 \text{ 通り}$$

です．

●組み合わせ

(1) 異なる n 個のものから r 個をとる組み合わせ

一般に，異なる n 個のものから，順序を考えずに異なる r 個のものを取り出して 1 組にしたものを，n 個のものから r 個をとる組み合わせといい，その総数 ${}_n\mathrm{C}_r$ は，

$${}_n\mathrm{C}_r=\frac{n(n-1)\cdots(n-r+1)}{r\cdot(r-1)\cdots1}$$

で求まります．

ちなみに，組み合わせの計算では，

$${}_n\mathrm{C}_r={}_n\mathrm{C}_{n-r},\quad {}_n\mathrm{C}_n={}_n\mathrm{C}_0=1$$

となります．

(2) 順列 ${}_n\mathrm{P}_r$ と組み合わせ ${}_n\mathrm{C}_r$ の関係

順列 ${}_n\mathrm{P}_r$ と組み合わせ ${}_n\mathrm{C}_r$ には，

$${}_n\mathrm{P}_r={}_n\mathrm{C}_r\times r!$$

（n 人から r 人選ぶ順列の総数＝n 人から r 人選ぶ組み合わせの総数 × r 人を並べる順列の総数）の関係が成立します．

【例（組み合わせと円順列）】 10 人の中から 5 人選んで円卓に着席させる方法は，10 人の中から 5 人選ぶ方法が ${}_{10}\mathrm{C}_5$ 通りで，5 人を円卓に着席させる方法は 5 人の円順列ですので $(5-1)!=4!$ 通りあります．したがって，

$${}_{10}\mathrm{C}_5\times4!=\frac{10\times9\times8\times7\times6}{5\times4\times3\times2\times1}\times4!=6048 \text{ 通り}$$

となります．

(3) 重複組み合わせ

異なる n 個のものから重複を許して r 個とる組み合わせの総数は，以下のように ${}_n\mathrm{H}_r$（Homogeneous Product の H）で表します．なお，H を C に直す場合の公式は，

$$_n\mathrm{H}_r = _{n+r-1}\mathrm{C}_r$$

です.

【例（重複組み合わせ）】 区別のつかない 4 個のボールを，区別された 3 つの箱に入れる場合分けは，「異なる 3 つの箱を，重複を許して 4 個のボールに振り分ける」と考えれば，

$$_3\mathrm{H}_4 = _{3+4-1}\mathrm{C}_4 = _6\mathrm{C}_4 = \frac{6 \times 5 \times 4 \times 3}{4!} = 15 \text{ 通り}$$

となります.

●確　率

(1) 確率の定義と余事象

　サイコロを投げる場合やくじを引く場合のように，同じ条件のもとで繰り返すことを試行(しこう)といい，試行の結果として起こる現象を事象(じしょう)といいます.

　起こりえる場合が n 通りあり，ある事象 A の起こる場合の数が a 通りならば，事象 A の確率 $P(A)$ は，

$$P(A) = \frac{a}{n}$$

となります.

　また，事象 A に対して，事象 A のおこらない事象を A の**余事象**(よじしょう)といい，$\overline{A}$ で表します. **余事象** $\overline{A}$ の確率 $P(\overline{A})$ は，

$$P(\overline{A}) = 1 - P(A)$$

で求まります.

(2) 条件付き確率

　2 つの事象 A，B について，事象 A が起こったときに事象 B の起こる確率を，A が起こったときの B が起こる**条件付き確率**といい，$P_A(B)$ で表します. $P_A(B)$ は，

$$P_A(B) = \frac{P(A \cap B)}{P(A)}$$

で求められます.

【例（条件付き確率）】 ジョーカーを除く 52 枚のトランプから 1 枚のカードをランダム（無作為）に取り出したら絵札でした. この絵札がキングである確率は，絵札であるという事象を A，キングであるという事象を B とすれば，$P(A) = \frac{12}{52}$，$P(A \cap B) = \frac{4}{52}$（$P(A \cap B)$ は，絵札であって，かつ，キングである確率）なので，

$$P_A(B) = \frac{P(A \cap B)}{P(A)} = \frac{4}{52} / \frac{12}{52} = \frac{1}{3}$$

となります.

(3) 確率の乗法定理

　任意の事象 A，B に対して，事象 A が起こったという条件のもとで事象 B が起こる条件付き確率を $P_A(B)$ とすれば，A と B がともに起こる確率 $P(A \cap B)$ は，

$$P(A \cap B) = P(A) \cdot P_A(B)$$

（条件付き確率の定義式において分母を払って変形した式）

で表されます．特に，A と B が独立であるとき（一方の結果が他方の結果に影響を及ぼさないとき）は，

$$P(A \cap B) = P(A) \cdot P(B)$$

（事象 A，B が互いに独立で，続けて起こるときの確率）

となります．

【例（確率の乗法定理）】10 本のくじの中に当たりくじが 3 本入っています．引いたくじはもとに戻さないとして，このくじを 2 番目に引いた人が当たる確率は，最初に引く人が当たるという事象を A，2 番目に引く人が当たるという事象を B とすると，

$$P(B) = P(A \cap B) + P(\overline{A} \cap B) = \frac{3}{10} \times \frac{2}{9} + \frac{7}{10} \times \frac{3}{9} = \frac{3}{10}$$

となります（$P(A \cap B)$ は 1 番目の人も 2 番目の人も当たる確率で，3/10 が 1 番目の人が当たる確率，2/9 が 2 番目の人が当たる確率です．また，$P(\overline{A} \cap B)$ は 1 番目の人が当たらないで 2 番目の人が当たる確率で，7/10 が 1 番目の人が当たらない確率，3/9 は 2 番目の人が当たる確率です）．

(4) 確率の加法定理

　図 8-4 からもわかるように，任意の事象 A，B に対して，A または B が起こる確率 $P(A \cup B)$ は，

$$P(A \cup B) = P(A) + P(B) - P(A \cap B)$$

となり，特に，A と B が排反であるとき（同時に起こらないとき）は，

$$P(A \cup B) = P(A) + P(B)$$

となります．

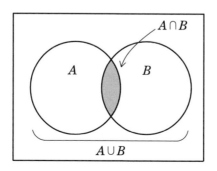

図 8-4　確率の加法定理

(5) 独立試行の確率

2つの試行T_1，T_2が独立であるとき，試行T_1で事象Aが起こり，試行T_2で事象Bが起こる確率は，

$$P(A) \cdot P(B)$$

で求められます．

【例（独立試行の確率）】 サイコロを2回投げるとき，1の目が続けて2回出る確率は，

$$\frac{1}{6} \times \frac{1}{6} = \frac{1}{36}$$

です．

(6) 反復試行の定理

1回の試行で事象Aが起こる確率をpとします．この試行をn回行うとき，事象Aがちょうどr回起こる確率P_rは，

$$P_r = {}_nC_r p^r q^{n-r} \qquad (\text{ただし，} \quad q = 1-p \; ; \; r = 0, 1 \cdots, n)$$

で求められます．

【例（反復試行の定理）】 硬貨を10回投げ続けるとき，10回目に2度目の表が出る確率は，

1回から9回までの間に表が1回だけ出る確率が${}_9C_1 \left(\frac{1}{2}\right)^1 \left(\frac{1}{2}\right)^8$で，10回目に表が出る確率が

$\frac{1}{2}$なので，

$$_9C_1 \left(\frac{1}{2}\right)^1 \left(\frac{1}{2}\right)^8 \times \frac{1}{2} = \frac{9}{1024}$$

となります．

● 期待値

ある試行において，事象A_1，A_2，A_3，$\cdots$，A_nは互いに排反で，それぞれのA_iにx_iという値が対応しているとします．このとき，事象A_iが生じる確率を$P(A_i) = p_i$と書くと，$p_1 + p_2 + p_3 + \cdots + p_n = 1$のとき，

$$E = x_1 p_1 + x_2 p_2 + x_3 p_3 + \cdots + x_n p_n$$

で得られるEをその値の**期待値**といいます．

● 確率密度関数と分布関数

一般に，確率変数Xに対して非負値関数fが存在して，$a \leqq X \leqq b$である確率が

$$P(a \leqq X \leqq b) = \int_a^b f(x)dx$$

で与えられるとき，Xを**連続型確率変数**といい，fをXの**確率密度関数**といいます．当然ですが，

$$\int_{-\infty}^{+\infty} f(x)dx = 1$$

が成立します．また，

$$F_X(x) = P(X \leq x) = \int_{-\infty}^{x} f(y)dy$$

で定義される関数 F_X を X の**分布関数**といいます．なお，このような連続型では，**期待値** $E(X)$ は，

$$E(X) = \int_{-\infty}^{+\infty} xf(x)dx$$

となります．

【問題 8.1】2 つの検査 A，B を行うとき，検査 A で合格となる確率が 16%，検査 B で合格となる確率が 50%，検査 A で合格かつ検査 B で不合格となる確率が 1% であるとします．このとき，検査 B で合格かつ検査 A で不合格となる確率を求めなさい．

（国家公務員一般職試験）

【解答】検査対象の商品が 100 個あったとして考えます．与えられた条件を図化すれば解図（問題 8-1）のようになりますので，求める答え（検査 B で合格かつ検査 A で不合格となる確率）は色付き部分の商品数を求めればよく，

$$50 - 15 = 35 \quad \rightarrow \quad 確率は 35\%$$

となります．

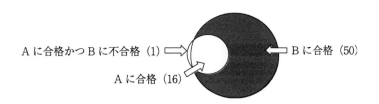

解図（問題 8-1）

【**問題 8.2**】100 から 200 までの整数のうち，5 で割り切れるが 7 で割り切れない数の個数を求めなさい．

【**解答**】5 で割り切れる数の集合を A，7 で割り切れない数の集合を $\overline{B}$（7 で割り切れる数の集合を B）とすれば，5 で割り切れるが 7 で割り切れない集合は $A \cap \overline{B}$ で，その個数 $n(A \cap \overline{B})$ は，解図（問題 8-2）を参照すればわかるように，

$$n(A \cap \overline{B}) = n(A) - n(A \cap B)$$

で求められます．ここで，

(1) 5 で割り切れる数の集合 A は，

$A = \{5 \times 20, 5 \times 21, \cdots, 5 \times 40\}$ なので，　$n(A) = 40 - 20 + 1 = 21$

(2) 5 でも 7 でも割り切れる数の集合 $A \cap B$ は，

$A \cap B = \{35 \times 3, 35 \times 4, 35 \times 5\}$ なので，　$n(A \cap B) = 5 - 3 + 1 = 3$

したがって，5 で割り切れるが 7 で割り切れない数の個数は，

$$n(A \cap \overline{B}) = n(A) - n(A \cap B) = 21 - 3 = 18　\text{個}$$

と求まります．

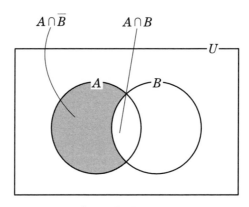

解図（問題 8-2）

【問題 8.3】男子 3 人，女子 2 人を横に一列に並べるとき，女子 2 人が両端にくる並び方は何通りあるか求めなさい.

【解答】解図（問題 8-3）を参照して，まず，最初に，女子 2 人を両端に並べる方法は，
$$_2\mathrm{P}_2 = 2! = 2 \cdot 1 = 2 \text{ 通り}$$
次に，その真ん中に男子 3 人を並べる方法は，
$$_3\mathrm{P}_3 = 3! = 3 \cdot 2 \cdot 1 = 6 \text{ 通り}$$
よって，求める並べ方は，**積の法則**より，
$$2 \times 6 = 12 \text{ 通り}$$
となります.

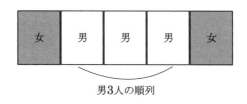

男3人の順列

解図（問題 8-3）

【問題 8.4［やや難］】6 個の数字 0，0，1，1，2，3 があり，これらのうち 4 個使って 4 桁の整数をつくるとき，
　(1) 1 が先頭にくるもの
　(2) 奇数
は何通りあるか求めなさい.

【解答】(1) 先頭は 1 ですので，解図 1（問題 8-4）のように，残りの 0，0，1，2，3 の 5 つの中から 3 つ並べればよいことになります. すなわち，

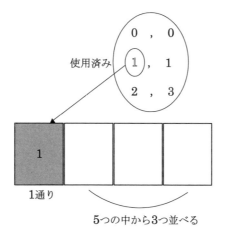

使用済み

1 通り

5つの中から3つ並べる

解図 1（問題 8-4）

①0 が 2 つ入る場合は,

001, 010, 100, 002, 020, 200, 003, 030, 300 の 9 通り

②それ以外の場合は,

0, 1, 2, 3 の 4 つの中から 3 つ並べるわけですから,

$$_4\mathrm{P}_3 = 4 \times 3 \times 2 = 24 \,通り$$

したがって, 答え(1 が先頭にくるもの)は

$$9 + 24 = 33 \,通り$$

となります.

(2) 奇数なので, 解図 2(問題 8-4)のように, 下一桁に 1 がくる場合と下一桁に 3 がくる場合に分けて考えます.

①下一桁に 1 がくる場合

残りは 0, 0, 1, 2, 3 です. このうちの 3 つで 3 桁の整数を作りますので,

⑦0 が 2 個入るケース:100, 200, 300 の 3 通り

①その他のケース:0, 1, 2, 3 の 4 つで 3 桁の整数を作りますので, 先頭は 0 を除く 3
通り. 残りは 3 個中 2 つを並べるので, $_3\mathrm{P}_2 = 3 \times 2 = 6$ 通り. ゆえに, $3 \times 6 = 18$ 通り.

②下一桁に 3 がくる場合

残りは 0, 0, 1, 1, 2 です. このうちの 3 つで 3 ケタの整数を作りますので,

⑦0 が 2 個入るケース:100, 200 の 2 通り

①0 が 1 個入るケース:110, 101, 102, 120, 201, 210 の 6 通り

⑦0 がないケース:112, 121, 211 の 3 通り

したがって, 求める答え(奇数)は, これらをすべて合計して,

$$3 + 18 + 2 + 6 + 3 = 32 \,通り$$

となります.

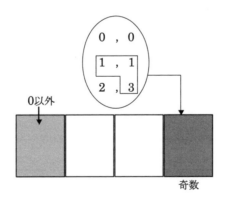

解図 2(問題 8-4)

【問題 8.5】 穴をあけた青玉 4 個, 赤玉 2 個, 白玉 1 個にひもを通して 1 つの首飾りを作る方法は何通りあるか求めなさい.

【解答】白玉は 1 個しかありませんので, これを中心にして考えます. 首飾りを白玉から時

計回りに眺めてみたとき，解図 1（問題 8-5）からわかるように，青玉 4 個と赤玉 2 個の並び方は，**同じものを含む順列**ですので，

$$\left(\frac{n!}{p!\,q!}=\right)\frac{6!}{4!\times 2!}=15\text{ 通り}\qquad(\text{分子は円順列の考え方なので}(7-1)!=6!\text{と同じ})$$

です．

このうち，左右対称なのは解図 2（問題 8-5）の 3 通りです．あとの 15-3=12 通りは，解図 3（問題 8-5）のように，首飾りを裏返した場合に同じになり，実質はその半分の 6 通りとなります（**数珠順列**の問題）．

以上より，求める答えは，

$$3+\frac{15-3}{2}=9\text{ 通り}$$

となります．

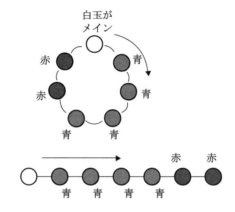

解図 1（問題 8-5）　青玉 4 個と赤玉 2 個の並び方

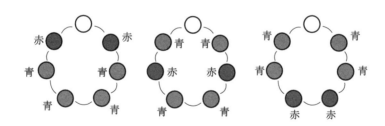

解図 2（問題 8-5）　左右対称なもの

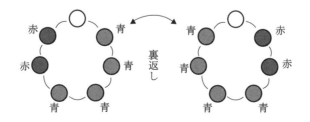

解図 3（問題 8-5）　裏返したら同じになるもの

【問題 8.6】 男女 3 人ずつの 6 人の中から 3 人選ぶとき，少なくとも 1 人は女子が選ばれる方法は何通りあるか求めなさい．

【解答】 少なくとも 1 人は女子が選べるということは，3 人とも男子を選んではいけないということです．組み合わせの問題ですので，

6 人の中から 3 人選ぶ方法は， ${}_6\mathrm{C}_3 = \dfrac{6 \cdot 5 \cdot 4}{3 \cdot 2 \cdot 1} = 20$ 通り

男子ばかり 3 人選ぶ方法は， ${}_3\mathrm{C}_3 = \dfrac{3 \cdot 2 \cdot 1}{3 \cdot 2 \cdot 1} = 1$ 通り

それゆえ，少なくとも 1 人は女子が選ばれるのは，

$$20 - 1 = 19 \text{ 通り}$$

です．

【問題 8.7】 男子 4 人と女子 6 人がいます．この 10 人の中から 5 人選ぶとき，次のような選び方は何通りあるか求めなさい．
(1) 男子 2 人と女子 3 人を選ぶ方法
(2) 男子を少なくとも 2 人選ぶ方法

【解答】 組み合わせの問題です．

(1) 男子の選び方は，4 人から 2 人を選ぶので ${}_4\mathrm{C}_2 = \dfrac{4 \cdot 3}{2 \cdot 1} = 6$ 通り

女子の選び方は，6 人から 3 人を選ぶので ${}_6\mathrm{C}_3 = \dfrac{6 \cdot 5 \cdot 4}{3 \cdot 2 \cdot 1} = 20$ 通り

したがって，求める答えは，**積の法則**より，

$$6 \times 20 = 120 \text{ 通り}$$

となります．

(2) **男子を少なくとも 2 人選ぶ**のですから，**男子 0 人と男子 1 人はダメ**ということになります．

10 人中から 5 人を選ぶ方法は， ${}_{10}\mathrm{C}_5 = \dfrac{10 \cdot 9 \cdot 8 \cdot 7 \cdot 6}{5 \cdot 4 \cdot 3 \cdot 2 \cdot 1} = 252$ 通り

男子 0 人，女子 5 人を選ぶ方法は， ${}_4\mathrm{C}_0 \times {}_6\mathrm{C}_5 = 1 \times \dfrac{6 \cdot 5 \cdot 4 \cdot 3 \cdot 2 \cdot 1}{5 \cdot 4 \cdot 3 \cdot 2 \cdot 1} = 6$ 通り

男子 1 人，女子 4 人選ぶ方法は， ${}_4\mathrm{C}_1 \times {}_6\mathrm{C}_4 = \dfrac{4}{1} \times \dfrac{6 \cdot 5 \cdot 4 \cdot 3}{4 \cdot 3 \cdot 2 \cdot 1} = 60$ 通り

したがって，求める答えは，

$$252 - (6 + 60) = 186 \text{ 通り}$$

です．

【問題 8.8】図（問題 8-8）のような四角錐の頂点 A から出発し，四角錐の辺上を通って頂点を次々に移動する経路を考えます．ある頂点から辺で結ばれた隣の頂点のいずれかへの移動を 1 回の移動とし，1 回の移動では最短経路をとるものとします．このとき，頂点 A から 4 回の移動を終えた時点で頂点 A にいるような移動経路の数は全部でいくつあるか求めなさい．

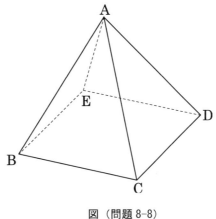

図（問題 8-8）

（国家公務員一般職試験）

【解答】はじめに A から B に移動した場合を考えます．

2 回目の頂点を X とすれば，

$$X=A,\ C,\ E\ の 3 通り$$

3 回目の頂点を Y とすれば，

$$X=A\ のときは Y=B,\ C,\ D,\ E\ の 4 通り$$

$$X=C\ のときは Y=B,\ D\ の 2 通り（Y=A だと 4 回目に A に戻らない）$$

$$X=E\ のときは Y=B,\ D\ の 2 通り（Y=A だと 4 回目に A に戻らない）$$

なので，全部で 8 通りになります．

　はじめに A から移動する点は全部で B，C，D，E の 4 点ありますので，求める答えは，

$$8×4=32 通り$$

となります．

【問題8.9】図（問題8-9）のように，隣り合う交差点間の距離が等しい道路があります．A さんは，交差点 P を出発し，最短の経路で交差点 Q へ向かいます．B さんは，A さんが交差点 P を出発するのと同時に交差点 R を出発し，最短の経路で交差点 P へ向かいます．2 人は，同じ速さで移動し，各交差点において，最短の経路の方向が 2 つあるときは，等しく確率 1/2 でどちらかに行き，1 つしかないときは，確率 1 でそちらに行くものとします．このとき，2 人が交差点 S で出会う確率を求めなさい．

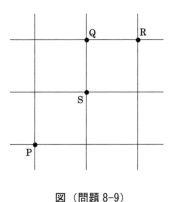

図（問題8-9）

（国家公務員一般職試験）

【解答】A さんが交差点 P を出発し，最短の経路で交差点 Q へ向かうとき，交差点 S を通る確率は，解図（問題8-9）を参照すれば，

$$\frac{1}{2} \times 1 + \frac{1}{2} \times \frac{1}{2} = \frac{1}{2} + \frac{1}{4} = \frac{3}{4}$$

B さんが交差点 R を出発し，最短の経路で交差点 P へ向かうとき，交差点 S を通る確率は，

$$\frac{1}{2} \times \frac{1}{2} + \frac{1}{2} \times \frac{1}{2} = \frac{2}{4}$$

2 人が交差点 S で出会う確率は，

$$\frac{3}{4} \times \frac{2}{4} = \frac{6}{16} = \frac{3}{8}$$

となります．

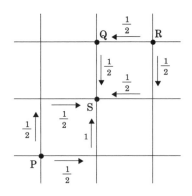

解図（問題8-9）

【**問題** 8.10】図（問題 8-10）のような街路があり，A 地点から B 地点へ最短距離で行く
ものとします．X 地点と Y 地点が通行止めとなっているとき，道順の数は何通りあるか求
めなさい.

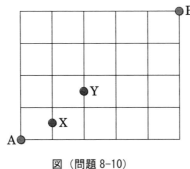

図（問題 8-10）

【**解答**】A 地点から B 地点まで最短経路で行くには，必ず右へ 5 回，上へ 4 回進むことにな
ります.

そこで，

① X 地点と Y 地点が通行止めとなっていることを無視して，A 地点から B 地点へ最短距離で
行く道順の数を，「9 本の道順のうち上へ 4 回進む組み合わせ×残り 5 本の道順のうち右
へ 5 回進む組み合わせ」として求めれば，

$$_9C_4 \times {}_5C_5 = \frac{9 \cdot 8 \cdot 7 \cdot 6}{4 \cdot 3 \cdot 2 \cdot 1} \times 1 = 126 \text{ 通り}$$

あります.

② X 地点を通る道順は，解図 1（問題 8-10）の P 地点まで行き，そこからは，

$$_7C_3 \times {}_4C_4 = \frac{7 \cdot 6 \cdot 5}{3 \cdot 2 \cdot 1} \times 1 = 35 \text{ 通り}$$

あります.

③ X 地点は通らないが Y 地点を通る道順は，解図 2（問題 8-10）の Q 地点までの行き方が 2
通りで，そこからは，

$$_5C_2 \times {}_3C_3 = \frac{5 \cdot 4}{2 \cdot 1} \times 1 = 10 \text{ 通り}$$

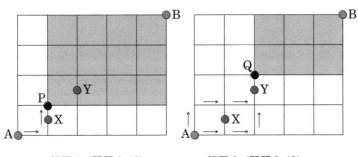

解図 1（問題 8-10）　　解図 2（問題 8-10）

なので,

$$2 \times 10 = 20 \text{ 通り}$$

です.

以上より,求める答えは,

$$126 - 35 - 20 = 71 \text{ 通り}$$

となります.

【問題 8.11】 10 人を 3 人,3 人,4 人の 3 つのグループに分ける方法は何通りあるか求めなさい.

【解答】

①まず,10 人中 4 人選んで 1 つ目のグループをつくる方法は,

$$_{10}\mathrm{C}_4 = \frac{10 \cdot 9 \cdot 8 \cdot 7}{4 \cdot 3 \cdot 2 \cdot 1} = 210 \text{ 通り}$$

②次に,残りの 6 人中 3 人選んで 2 つ目のグループをつくる方法は,

$$_{6}\mathrm{C}_3 = \frac{6 \cdot 5 \cdot 4}{3 \cdot 2 \cdot 1} = 20 \text{ 通り}$$

③最後に,残り 3 人で 3 つ目のグループが自動的につくれますので,

$$1 \text{ 通り}$$

ただし,同じ人数のグループでは,解図（問題 8-11）に示したように,第 2 グループと第 3 グループをグループごと入れ替えても分け方は同じですので,2 で割る必要があります[1].したがって,求める答えは,

$$210 \times 20 \times 1 \div 2 = 2100 \text{ 通り}$$

となります.

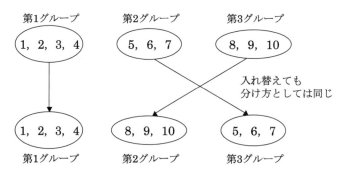

解図（問題 8-11）

---

1) ここでは,便宜上,第 2 グループと第 3 グループとしましたが,いずれも 3 人のグループですので,両者を区別することはできません.

【問題 8.12】全く区別のつかない 6 個の品を A，B，C の 3 人に分ける方法は何通りある か求めなさい．ただし，1 個も配分のない人がいてもよいものとします．

【解答】この問題では，解図（問題 8-12）からわかるように，6 個の品と 2 本の仕切の並べ 方を考えます．この並べ方は，**仕切も含めた 8 個の中から仕切 2 個の置き場所を選ぶ問題と 同じ**ですので，求める答えは，

$$_8\mathrm{C}_2 = \frac{8 \cdot 7}{2 \cdot 1} = 28 \quad 通り$$

となります．もちろん，この問題は，同じものを含む順列と考えて，

$$\left(\frac{n!}{p!\,q!} = \right)\frac{8!}{6! \times 2!} = 28 \quad 通り$$

（6 個の品と 2 本の仕切をすべて 1 列に並べる並べ方の総数）

のようにしても求まります．

1個　　　　3個　　　　　2個
Aの分　　　Bの分　　　　Cの分

解図（問題 8-12）

【問題 8.13】$x + y + z = 5$，$x \geqq 0$，$y \geqq 0$，$z \geqq 0$ を満たす整数 x，y，z の組み合わせ数 を求めなさい．

【解答】$x + y + z = 5$ の整数解の組み合わせは，解図（問題 8-13）に示すように，

$$1,\ 1,\ 1,\ 1,\ 1$$

を，x 君，y 君，z 君の 3 人に配分することを考えれば求めることができます．したがって， 同じもの（5 個の 1 と 2 個の仕切）を含む順列と考えれば，

$$\left(\frac{n!}{p!\,q!} = \right)\frac{7!}{5! \times 2!} = 21 \quad 通り$$

のようにして求まります．また，**仕切も含めた 7 個の 1 の中から仕切 2 個の置き場所を選ぶ 問題と同じ**ですので，

$$1 \ \Big|\ 1 \ \ 1 \ \ 1 \ \Big|\ 1$$

1個　　　　3個　　　　1個
$x = 1$　　　$y = 3$　　　$z = 1$

解図（問題 8-13）

$$_7C_2 = \frac{7 \cdot 6}{2 \cdot 1} = 21 \quad 通り$$

のように求めても構いません.

さらに，5 つある 1 を，重複を許して 3 つの変数 x，y，z に分配することを考えます．それぞれの 1 には区別はありませんので，x，y，z の **3 種類から重複を許して 5 個とる組み合わせ**を考えて，

$$_3H_5 = {}_{3+5-1}C_5 = {}_7C_{7-5} = {}_7C_2 = \frac{7 \cdot 6}{2 \cdot 1} = 21 \quad 組$$

としても求まります.

【問題 8.14】 $w+x+y+z=5$ を満たす 0 以上の整数 w，x，y，z の組み合わせ数を求めなさい.

（労働基準監督官採用試験「教養」）

【解答】 $w+x+y+z=5$ の 0 以上の整数解の組み合わせは，

$$1, \ 1, \ 1, \ 1, \ 1$$

を，w 君，x 君，y 君，z 君の 4 人に配分することを考えれば求めることができます.

ここでは，仕切による方法で解くことにします．4 人に配分しますので，仕切の数は 3 つです．したがって，仕切も含めた 8 個の 1 の中から仕切 3 個の置き場所を選べば，

$$_8C_3 = \frac{8 \cdot 7 \cdot 6}{3 \cdot 2 \cdot 1} = 56 \quad 通り$$

となります.

【問題 8.15】 $x+y+z=8$ を満たす正の整数の組 (x, y, z) は何組あるか求めなさい.

【解答】 $x+y+z=8$ を，

$$(x-1)+(y-1)+(z-1)=5$$

と変形し，$x-1=X$，$y-1=Y$，$z-1=Z$ とおけば，

$$X+Y+Z=5, \quad X \geqq 0, \quad Y \geqq 0, \quad Z \geqq 0$$

となります．5 つある 1 を，重複を許して 3 つの変数 X，Y，Z に分配することを考えれば，

$$_3H_5 = {}_{3+5-1}C_5 = {}_7C_5 = {}_7C_2 = \frac{7 \cdot 6}{2 \cdot 1} = 21 \, 組$$

となります.

また，仕切も含めた 7 個の 1 の中から仕切 2 個の置き場所を選ぶ問題と同じ（問題 8-12 を参照）ですので，

$$_7\mathrm{C}_2 = \frac{7 \cdot 6}{2 \cdot 1} = 21 \quad \text{通り}$$

のように求めても構いません.

【問題 8.16】1 から 400 までの整数の中から無作為に 1 つの整数を取り出すとき，その数が 6 または 9 で割り切れる確率を求めなさい.

(労働基準監督官採用試験)

【解答】6 で割り切れる数の集合を A，9 で割り切れる数の集合を B とすれば，6 または 9 で割り切れる数の集合は $A \cup B$ と表され，その個数は，

$$n(A \cup B) = n(A) + n(B) - n(A \cap B)$$

で求められます．ここに，$n(A)$ は 6 で割り切れる数の個数，$n(B)$ は 9 で割り切れる数の個数，$n(A \cap B)$ は 6 でも 9 でも割り切れる数（6 と 9 の最小公倍数である 18 で割り切れる数）の個数です.

したがって，

$$A = \{6 \times 1, 6 \times 2, \cdots, 6 \times 66\}, \quad B = \{9 \times 1, 9 \times 2, \cdots, 9 \times 44\}, \quad A \cap B = \{18 \times 1, 18 \times 2, \cdots, 18 \times 22\}$$

から，

$$n(A) = 66 - 1 + 1 = 66, \quad n(B) = 44 - 1 + 1 = 44, \quad n(A \cap B) = 22 - 1 + 1 = 22$$

となりますので，6 または 9 で割り切れる確率は，

$$\frac{66 + 44 - 22}{400} = 0.22$$

となります.

【問題 8.17】男子 5 人，女子 6 人が一列に並ぶとき，次の確率を求めなさい.
(1) 特定の男女 2 人が隣り合う確率
(2) 男子が隣り合わない確率

【解答】(1) まず，男子 5 人，女子 6 人が一列に並ぶ並び方を求めれば，

$$_{11}\mathrm{P}_{11} = \frac{11!}{(11-11)!} = \frac{11!}{0!} = \frac{11!}{1} = 11! \quad \text{通り}$$

となります．この種の問題では，「隣り合うもの」を「まとめて 1 つに考える」のが定石です．すなわち，特定の男女 2 人を 1 人と考えたときの並び方は，

$$_{10}\mathrm{P}_{10} = 10! \quad \text{通り}$$

あり，特定の男女の並び方は「男女」，「女男」の 2 通りあるので特定の男女 2 人が隣り合う並び方は，

$$2 \times 10! \quad 通り$$

したがって，特定の男女 2 人が隣り合う確率は，

$$\frac{2 \times 10!}{11!} = \frac{2}{11}$$

となります．

(2) 「隣り合わない」場合は，「他を並べてから，間か両端に並べる」のが定石です．すなわち，女子 6 人の並び方は，

$$_6\mathrm{P}_6 = 6! \quad 通り$$

です．合計 5 人の男子は，解図（問題 8-17）に示すように，女子の間か両端の 7 か所のうち 5 か所に並べばよいので，その並び方は，

$$_7\mathrm{P}_5 \quad 通り$$

したがって，男子が隣り合わない確率は

$$\frac{6! \times _7\mathrm{P}_5}{11!} = \frac{6!}{11!} \times \frac{7!}{(7-5)!} = \frac{1}{22}$$

となります．

解図（問題 8-17）

【問題 8.18】 水平な座標上の原点に点 P があります．いま，サイコロを転がして偶数の目が出れば点 P は右に 2 進み，奇数の目が出れば左に 1 進むとします．このようにして 10 回続けたとき，最後に点 P が座標 -4 の点に止まる確率を求めなさい．

【解答】10 回の試行のうち，偶数の目が出る回数を x，奇数の目が出る回数を y とすれば，

$$x + y = 10$$
$$2x - y = -4$$

が成立するので，これを解けば，$x = 2$，$y = 8$ となります．

　求める確率を P とすれば，これは 10 回の試行のうち，偶数の目が 2 回出る確率を求める問題に他なりませんので，**反復試行の定理**から，

$$P = {}_{10}\mathrm{C}_2 \left(\frac{1}{2}\right)^2 \left(\frac{1}{2}\right)^8 = \frac{10 \cdot 9}{2 \cdot 1} \times \frac{1}{2^{10}} = \frac{45}{1024}$$

（偶数が出る確率は $3/6 = 1/2$，奇数が出る確率は $3/6 = 1/2$）

となります．

【問題 8.19】図（問題 8-19）に示すのは都市 A，B，C における物資の輸送経路の模式図です．各経路上の数値は台風が接近した際にその経路が使用不能となる確率を表しています．このとき，台風が接近した際に都市 C に都市 A からの物資が全く届かなくなる確率を求めなさい．ただし，物資は矢印で示す向きにだけ輸送されるものとします．

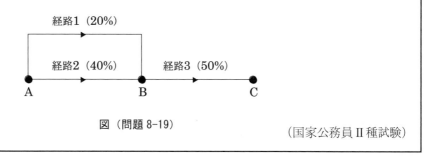

図（問題 8-19）

（国家公務員 II 種試験）

【解答】解図（問題 8-19）を参照すれば，台風が接近した際に都市 C に都市 A からの物資が全く届かなくなるケースは，

①経路 1 が使用不能で経路 2 が使用可能で，かつ，経路 3 が使用不能

　確率：$0.2 \times (1.0 - 0.4) \times 0.5 = 0.06$

②経路 1 が使用可能で経路 2 が使用不能で，かつ，経路 3 が使用不能

　確率：$(1.0 - 0.2) \times 0.4 \times 0.5 = 0.16$

③経路 1 と経路 2 の両方が使用可能で，かつ，経路 3 が使用不能

　確率：$(1.0 - 0.2) \times (1.0 - 0.4) \times 0.5 = 0.24$

④経路 1 と経路 2 の両方が使用不能で，かつ，経路 3 が使用不能

　確率：$0.2 \times 0.4 \times 0.5 = 0.04$

⑤経路 1 と経路 2 の両方が使用不能で，かつ，経路 3 が使用可能

　確率：$0.2 \times 0.4 \times (1.0 - 0.5) = 0.04$

　よって，求める答えは，

$$0.06 + 0.16 + 0.24 + 0.04 + 0.04 = 0.54$$

となります．

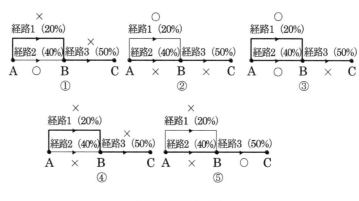

解図（問題 8-19）

【問題 8.20】あるお菓子には，おまけのカードがお菓子 1 個につき 1 枚ついています．カードは A，B，C の 3 種類ありますが，袋に入っているため，どの種類が入っているかは買って開けるまでわかりません．また，どの種類のカードも等確率で袋に入っているものとします．いま，このお菓子をまとめて 4 個買ったときに，A，B，C の 3 種類とも手に入る確率はいくらか求めなさい．

（国家公務員 II 種試験）

【解答】お菓子をまとめて 4 個買ったときのカードの組み合わせは，

$$3 \times 3 \times 3 \times 3 = 3^4 = 81 \quad \text{通り}$$

あります．一方，A，B，C の 3 種類のカードが手に入るためには，4 枚（4 個）の中で同じカードが 2 枚まで許されますので，その組み合わせは，

$$\text{AABC, ABBC, ABCC}$$

の 3 通りで，それぞれについては同じものを含む順列として

$$\left(\frac{n!}{p!\, q!\, r!} = \right) \frac{4!}{2! \times 1! \times 1!} = 12 \quad \text{通り}$$

ありますので，合計で

$$3 \times 12 = 36 \quad \text{通り}$$

です．したがって，確率は，

$$\frac{36}{81} = \frac{4}{9}$$

となります．

【問題 8.21】中の見えない袋に赤玉 9 個と白玉 1 個が入っており，袋から玉を 1 個取り出して再び元に戻す作業を繰り返し行います．少なくとも 1 度は白玉を取り出す確率を 0.9 より大きくするには，何回以上玉を取り出さなければならないか答えなさい．ただし，$\log_{10} 2 = 0.301$，$\log_{10} 3 = 0.477$ とします．

（国家公務員 II 種試験）

【解答】確率の問題で「少なくとも……」という記述があれば，余事象を考えるのが基本です．それゆえ，問題文は，「赤玉だけを取り出す確率が 0.1 よりも小さくなる取り出し回数 n を求めなさい」と言い直すことができます．

したがって，

$$\left(\frac{9}{10} \right)^n = 0.1 \quad \text{ゆえに，} \quad n \log_{10} \left(\frac{3^2}{10} \right) = \log_{10} \frac{1}{10}$$

（1 回の試行で赤を取り出す確率は 9/10）

よって,

$$n(2\log_{10} 3 - 1) = \log_{10} 1 - \log_{10} 10 = -1$$

$\log_{10} 3 = 0.477$ を代入して n を求めれば,

$$n = 21.7 \rightarrow n = 22$$

が求める答えになります.

【問題 8.22】 n 本のくじの中に a 本の当たりくじが入っています. 甲, 乙, 丙の 3 人が甲, 乙, 丙の順でこのくじを 1 回ずつひくとき, 丙が当たりくじをひく確率を求めなさい. ただし, n は 10 以上の整数, a は 3 以上の整数とします. また, 引いたくじは戻さないものとします.

(国家公務員 II 種試験)

【解答】 丙が当たりくじをひく場合は以下の 4 通りあります.

　　　甲, 乙, 丙
① × × ○
② × ○ ○
③ ○ × ○
④ ○ ○ ○

①の場合の確率: $\dfrac{n-a}{n} \times \dfrac{n-1-a}{n-1} \times \dfrac{a}{n-2}$

②の場合の確率: $\dfrac{n-a}{n} \times \dfrac{a}{n-1} \times \dfrac{a-1}{n-2}$

③の場合の確率: $\dfrac{a}{n} \times \dfrac{n-1-(a-1)}{n-1} \times \dfrac{a-1}{n-2} = \dfrac{a}{n} \times \dfrac{n-a}{n-1} \times \dfrac{a-1}{n-2}$

④の場合の確率: $\dfrac{a}{n} \times \dfrac{a-1}{n-1} \times \dfrac{a-2}{n-2}$

①〜④は同時に起こらない事象です. したがって, 丙が当たりくじをひく確率 P は, これらをすべて合計して

$$P = \frac{a}{n(n-1)(n-2)} \times \{(n-a)(n-1-a) + (n-a)(a-1) + (n-a)(a-1) + (a-1)(a-2)\}$$

$$= \frac{a}{n(n-1)(n-2)} \times (n^2 - 3n + 2) = \frac{a}{n(n-1)(n-2)} \times (n-1)(n-2) = \frac{a}{n}$$

と求まります.

なお, くじびきの当たる確率は順番に関係がないことを知っていれば, もっと簡単に確率 $\dfrac{a}{n}$ が求まります.

【問題8.23】ある製品が不良品である確率は 0.02 です．また，この製品の品質検査では，良品が良品であることを正しく判定する確率は 0.90 であり，不良品が不良品であることを正しく判定する確率は 0.80 です．この製品の品質検査の判定が誤りである確率を求めなさい．

（国家公務員一般職試験）

【解答】このような問題を解くコツは，具体的な数値を代入することです．今，100 個の製品を考えれば，

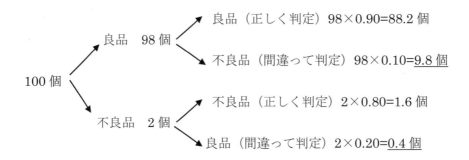

したがって，この製品の品質検査の判定が誤りである確率は，

$$\frac{9.8 + 0.4}{100} = 0.102$$

と求まります．

【問題8.24】1 個のサイコロを 5 回続けて投げるとき，3 の倍数が 3 回だけ出る確率を求めなさい．

【解答】サイコロを 1 回だけ投げたとき，3 の倍数が出る確率は $\frac{2}{6} = \frac{1}{3}$，それ以外の目が出る確率は $\frac{4}{6} = \frac{2}{3}$ です．ところで，5 回のうちで最初の 3 回だけ 3 の倍数が出る確率は，

$$\frac{1}{3} \times \frac{1}{3} \times \frac{1}{3} \times \frac{2}{3} \times \frac{2}{3} = \left(\frac{1}{3}\right)^3 \left(\frac{2}{3}\right)^2 = \frac{2^2}{3^5}$$

ですが，5 回中のどれかの 3 回で 3 の倍数が出る可能性は $_5C_3 = \frac{5 \cdot 4 \cdot 3}{3 \cdot 2 \cdot 1} = 10$ 通りありますので，求める答え（3 の倍数が 3 回だけ出る確率）は，

$$10 \times \frac{2^2}{3^5} = \frac{40}{243}$$

となります．

【問題 8.25】A 君，B 君の 2 人が交互に 2 個のサイコロを同時に振り，出た目の合計が最初に 7 になった方を勝ちとするゲームを行います．このゲームを A 君から始めるとき，B 君の勝つ確率を求めなさい．

（国家公務員 II 種試験）

【解答】1 つ目のサイコロは 1，2，3，4，5，6 の 6 通りの可能性がありますが，ここでは 1 の目が出たと考えることにします．出た目の合計が 7 になるためには，2 つ目のサイコロは 1，2，3，4，5，6 の 6 通りの中で 6 の目でないといけません（この確率は $\frac{1}{6} \times \frac{1}{6}$）．ところで，1 つ目のサイコロの目は 6 通りの可能性がありますので，これから，2 個のサイコロを同時に振り，出た目の合計が 7 になる確率は $\frac{1}{6} \times \frac{1}{6} \times 6 = \frac{1}{6}$（出た目の合計が 7 にならない確率は $\frac{5}{6}$）であることがわかります．

そこで，B 君が n 回サイコロを振ってようやく勝った場合を考えます．それまで，A 君は n 回，B 君は $n-1$ 回サイコロを振って勝てなかったので，その確率（n 回目に合計が 7 になって B 君が勝つ確率）は，

$$\left(\frac{5}{6}\right)^n \times \left(\frac{5}{6}\right)^{n-1} \times \frac{1}{6} = \left(\frac{5}{6}\right)^{n-1} \times \left(\frac{5}{6}\right)^{n-1} \times \left(\frac{5}{6}\right) \times \frac{1}{6} = \frac{5}{36} \times \left(\frac{25}{36}\right)^{n-1}$$

となります．これは初項が $\frac{5}{36}$，公比 $\frac{25}{36}$ の等比数列ですので，B 君の勝つ確率は，

$$\frac{5/36}{1 - 25/36} = \frac{5}{11} \qquad \text{（第 9 章の「等比数列」を参照）}$$

となります．

【問題 8.26】サイコロを 3 回投げて，1 回目に出た目を a，2 回目に出た目を b，3 回目に出た目を c とするとき，$a = bc$ である確率を求めなさい．

（国家公務員 II 種試験[教養]）

【解答】サイコロは 1 から 6 まで出る目がありますので，3 回投げるとすると全部で

$6 \times 6 \times 6 = 216$ 通りの目の出方があります.

ところで,a は 6 以下ですので,解表(問題 8-26)からわかるように,$a = bc$ の条件(これから,$b \leqq a$ の条件も必要)を満たすのは 14 通りです.したがって,求める確率は,

$$\frac{14}{6 \times 6 \times 6} = \frac{7}{108}$$

となります.

解表(問題 8-26)

a	b	c
1	1	1
2	1	2
	2	1
3	1	3
	3	1
4	1	4
	2	2
	4	1
5	1	5
	5	1
6	1	6
	2	3
	3	2
	6	1

【問題 8.27】1〜6 の目をもつサイコロ 1 個を振り続け,2 以下の目が合計で 2 回出たときに終了するゲームを行います.サイコロを N 回($N = 2, 3, 4, \cdots$)振ったときにゲームが終了する確率を P_N とすると,P_3 / P_4 はいくらか求めなさい.

(国家公務員総合職試験[大卒程度試験])

【解答】2 以下の目が出る確率は $2/6 = 1/3$ で,3 以上の目が出る確率は $4/6 = 2/3$ です.まず,3 回目で終了する確率 P_3 を求めます.

1 回目と 3 回目に 2 以下の目が出る確率:$\dfrac{1}{3} \times \dfrac{2}{3} \times \dfrac{1}{3} = \dfrac{2}{27}$

2 回目と 3 回目に 2 以下の目が出る確率:$\dfrac{2}{3} \times \dfrac{1}{3} \times \dfrac{1}{3} = \dfrac{2}{27}$

ゆえに,$P_3 = \dfrac{2}{27} + \dfrac{2}{27} = \dfrac{4}{27}$

次に,4 回目で終了する確率 P_4 を求めます.

1 回目と 4 回目に 2 以下の目が出る確率:$\dfrac{1}{3} \times \dfrac{2}{3} \times \dfrac{2}{3} \times \dfrac{1}{3} = \dfrac{4}{81}$

2 回目と 4 回目に 2 以下の目が出る確率： $\dfrac{2}{3} \times \dfrac{1}{3} \times \dfrac{2}{3} \times \dfrac{1}{3} = \dfrac{4}{81}$

3 回目と 4 回目に 2 以下の目が出る確率： $\dfrac{2}{3} \times \dfrac{2}{3} \times \dfrac{1}{3} \times \dfrac{1}{3} = \dfrac{4}{81}$

ゆえに，$P_4 = \dfrac{4}{81} \times 3 = \dfrac{4}{27}$

したがって，求める答えは，

$$\frac{P_3}{P_4} = 1$$

となります．

【問題 8.28】球が 10 個入っている袋があります．10 個の球のうち，2 個は赤で，他の 8 個は別の色の球です．この袋の中から，無作為に 4 個の球を取り出すとき，4 個の中に含まれる赤い球の個数が 1 個となる確率を求めなさい．

（労働基準監督官採用試験）

【解答】この問題は，「球を 4 回取り出したとき，赤い球が 1 個となる確率を求めなさい」と言い直すことができます．取り出した球は返しませんので [2]，
「赤他他他」となる確率は，

$$\frac{2}{10} \times \frac{8}{9} \times \frac{7}{8} \times \frac{6}{7} = \frac{2}{15}$$

です．「他赤他他」，「他他赤他」，「他他他赤」となる確率も $\dfrac{2}{15}$ ですので，求める答えは，

$$\frac{2}{15} \times 4 = \frac{8}{15}$$

となります．

---

2) 取り出した球を返す場合は，本文中に記述されるのが普通です．

【問題 8.29】白玉 1 個，黒玉 1 個，赤玉 2 個の計 4 個の玉が入った袋があります．この袋から玉を 1 個ずつ取り出し，取り出した玉の色に応じ，次のルールにしたがって xy 平面上の点 P を動かします．

- ・白玉を取り出したとき，点 P の x 座標を 1 増やす．
- ・黒玉を取り出したとき，点 P の x 座標を 1 減らす．
- ・赤玉を取り出したとき，点 P の y 座標を 1 増やす．
- ・取り出した玉は袋に戻さない．

　最初，点 P は原点にあったものとします．その後，玉を 3 個目まで取り出し，上記のルールにしたがって点 P を動かしたとき，点 P が座標 (0，1) にある確率を求めなさい．

（国家公務員Ⅱ種試験）

【解答】ルールにしたがって点 P を動かしたとき，点 P の y 座標が $y=1$ であることから，赤玉は 1 回だけ取り出しているはずです（0 回または 2 回の取り出しは条件を満たさない）．また，x 座標が $x=0$ であることから，白玉を 1 回，黒玉を 1 回ずつ取り出していないといけません．すなわち，白玉，黒玉，赤玉の取り出しは 1 回ずつであることがわかります．よって，

$$\text{白－黒－赤の確率：} \frac{1}{4}\times\frac{1}{3}\times 1 = \frac{1}{12}, \quad \text{白－赤－黒の確率：} \frac{1}{4}\times\frac{2}{3}\times\frac{1}{2} = \frac{1}{12}$$

$$\text{黒－白－赤の確率：} \frac{1}{4}\times\frac{1}{3}\times 1 = \frac{1}{12}, \quad \text{黒－赤－白の確率：} \frac{1}{4}\times\frac{2}{3}\times\frac{1}{2} = \frac{1}{12}$$

$$\text{赤－白－黒の確率：} \frac{2}{4}\times\frac{1}{3}\times\frac{1}{2} = \frac{1}{12}, \quad \text{赤－黒－白の確率：} \frac{2}{4}\times\frac{1}{3}\times\frac{1}{2} = \frac{1}{12}$$

ゆえに，点 P が座標 (0，1) にある確率は，

$$\frac{1}{12}\times 6 = \frac{1}{2}$$

となります．

【問題 8.30】ある商店が，長期間にわたって一日当たり 6 個の弁当を店頭に並べて販売したところ，売れた数が D〔個〕であった日数の構成比率 P〔%〕は，表（問題 8-30）のとおりとなった．この弁当が売れると 1 個当たり 800 円の儲けが生じ，逆に売れ残ると 1 個当たり 600 円の損が生じる．これらの傾向が今後も継続すると見込むこととし，一日当たり 3 個の弁当を店頭に並べて販売するとき，儲けから損を差し引いた金額の期待値は一日当たりいくらか求めなさい．

表（問題 8-30）

D〔個〕	P〔%〕
0	0
1	10
2	20
3	30
4	20
5	10
6	10
合計	100

（国家公務員総合職試験[大卒程度試験]）

【解答】一日当たり 3 個の弁当が売れる構成比率は，以下に示したように 70%であることに気づけば簡単です．

D 〔個〕	儲け	構成比率 P〔%〕
0	$-600 \times 3 = -1800$ 円	0
1	$800 - 600 \times 2 = -400$ 円	10
2	$2 \times 800 - 600 = 1000$ 円	20
3	$3 \times 800 = 2400$ 円	70

したがって，金額の期待値は一日当たり，

$$-1800 \times 0 - 400 \times 0.1 + 1000 \times 0.2 + 2400 \times 0.7 = 1840 \text{ 円}$$

となります．

【問題 8.31】箱の中に色以外は区別が付かない 3 個の赤球，3 個の黄球，4 個の青球が入っています．この箱から無作為に 3 個の球を取り出すとき，取り出した球の色の種類が 2 色となる確率はいくらか求めなさい．

（労働基準監督官採用試験）

【解答】10 個の球から無作為に 3 個の球を取り出す方法は，

$$_{10}C_3 = \frac{10 \times 9 \times 8}{3 \times 2} = 120 \ \text{通り}$$

取り出した 3 個の球のうち，

赤 1+黄 2 となるのは，$_3C_1 \times _3C_2 = 3 \times \frac{3 \times 2}{2} = 9$ 通り

赤 2+黄 1 となるのは，$_3C_2 \times _3C_1 = \frac{3 \times 2}{2} \times 3 = 9$ 通り

黄 1+青 2 となるのは，$_3C_1 \times _4C_2 = 3 \times \frac{4 \times 3}{2} = 18$ 通り

黄 2+青 1 となるのは，$_3C_2 \times _4C_1 = \frac{3 \times 2}{2} \times 4 = 12$ 通り

青 1+赤 2 となるのは，$_4C_1 \times _3C_2 = 4 \times \frac{3 \times 2}{2} \times 4 = 12$ 通り

青 2+赤 1 となるのは，$_4C_2 \times _3C_1 = \frac{4 \times 3}{2} \times 3 = 18$ 通り

全部で 78 通りありますので，取り出した球の色の種類が 2 色となる確率は，

$$\frac{78}{120} = \frac{13}{20}$$

となります．

【問題 8.32】2 つの箱 A，B があります．箱 A には青球 5 個，白球 2 個が入っていて，箱 B には青球 2 個，白球 3 個が入っています．いま，目隠しをしてどちらかの箱を選び，そこから 1 個の球を取り出したところ，球は青球でした．このとき，箱 A から取り出した確率を求めなさい．なお，目隠しをしてどちらかの箱を選ぶ確率はともに 1/2 とし，2 つの事象 x，y に対し，x が起こった状況のもとで y が起こる確率（条件付確率）$P_x(y)$ は $\frac{P(x \bigcap y)}{P(x)}$ で表されます．

（労働基準監督官採用試験）

【解答】この問題は，「1 個の球を無作為に取り出したら青球でした．この青球が A の箱のものである確率を求めなさい」と言い直すことができます．そこで，青球であるという事象を x，A の箱であるという事象を y とします．この場合，2 つの箱 A，B のいずれかから青球を取り出す確率 $P(x)$ は，

$$P(x) = \frac{1}{2} \times \frac{5}{7} + \frac{1}{2} \times \frac{2}{5} = \frac{39}{70}$$

A の箱の青球である確率 $P(x \cap y)$ は，

$$P(x \cap y) = \frac{1}{2} \times \frac{5}{7} = \frac{5}{14}$$

したがって，求める答えは，

$$P_x(y) = \frac{P(x \cap y)}{P(x)} = \frac{5/14}{39/70} = \frac{25}{39}$$

となります．

【問題 8.33】 袋の中に，白玉が n 個（n は 2 以上の整数），黒玉が 5 個入っています．この袋の中から 3 個の玉を取り出すとき，白玉 2 個，黒玉 1 個となる確率を P_n とします．P_n が最大になる n の値をすべてあげているのはどれか答えなさい．ただし，取り出した玉は袋に戻さないものとします．

1. 9   2. 10   3. 11   4. 9, 10   5. 10, 11

（国家公務員 I 種試験）

【解答】3 個の玉を取り出すとき，黒白白となる確率は，

$$\frac{5}{5+n} \times \frac{n}{5+(n-1)} \times \frac{n-1}{5+(n-1-1)} = \frac{5}{n+5} \times \frac{n}{n+4} \times \frac{n-1}{n+3}$$

です．白黒白，白白黒となる確率も同じですので，白玉 2 個，黒玉 1 個となる確率 P_n は，

$$P_n = 3 \times \frac{5}{n+5} \times \frac{n}{n+4} \times \frac{n-1}{n+3}$$

となります．ここで，解答群にある 9，10，11 を順次代入すれば，

$$P_9 = 3 \times \frac{5}{9+5} \times \frac{9}{9+4} \times \frac{9-1}{9+3} = \frac{10 \times 9}{14 \times 13}$$

$$P_{10} = 3 \times \frac{5}{10+5} \times \frac{10}{10+4} \times \frac{10-1}{10+3} = \frac{10 \times 9}{14 \times 13}$$

$$P_{11} = 3 \times \frac{5}{11+5} \times \frac{11}{11+4} \times \frac{11-1}{11+3} = \frac{11 \times 10}{16 \times 14}$$

これから，$P_9 = P_{10} (> P_{11})$ となっていますので，求める答えは 4 であることがわかります．

【問題8.34】3人がじゃんけんをして敗者が抜けていくこととしたとき，2回目のじゃんけんにより勝者が1人に決まる確率はいくらか求めなさい．ただし，あいこの場合も1回と数えますが，抜ける者はいないものとします．また，グー，チョキ，パーを出す確率はそれぞれ1/3で，他の人の出す手は予測できないものとします．

(国家公務員II種試験[教養])

【解答】3人でじゃんけんを1回したとき，1人だけ勝つ確率は$\frac{1}{3}$ 3)で，あいこになる確率も

$\frac{1}{3}$ 4)です．残りの

$$1-\frac{1}{3}-\frac{1}{3}=\frac{1}{3}$$

は2人が勝って1人が負ける（抜ける）確率です．このことを知っていれば，この問題の答えは，以下のようにして求めることができます．

---

3) 3人は，グー，チョキ，パーのうち，どれを出してもいいので，その出し方は全部で，

$$3\times3\times3=27 通り$$

このうち，A君の勝ち方は，「グーで勝つ」，「チョキで勝つ」，「パーで勝つ」の3通りで，B君とC君の勝ち方を合わせると，

$$3+3+3=9 通り$$

したがって，3人でじゃんけんを1回したとき，1人だけ勝つ確率は，

$$\frac{9}{27}=\frac{1}{3}$$

となります．

4) 3人は グー，チョキ，パー のうち，どれを出してもいいので，その出し方は全部で

$$3\times3\times3=27 通り$$

このうち，

　　㋐3人とも同じものを出す

　　㋑3人ともバラバラのものを出す

のどちらかであれば，「あいこ」になります．

　㋐は（グー，　グー，　グー），（チョキ，チョキ，チョキ），（パー，パー，パー）の3通りです．また，㋑は，グー，チョキ，パーの順列を考えれば，$3!=3\times2\times1=6$ 通りですので，㋐と㋑の合計は9通りになります．したがって，3人でじゃんけんを1回したとき，「あいこ」になる確率は，

$$\frac{9}{27}=\frac{1}{3}$$

となります．

①1 回目があいこで 2 回目に勝者が 1 人決まる確率

$$\frac{1}{3} \times \frac{1}{3} = \frac{1}{9}$$

②1 回目に 1 人が抜けて 2 回目に勝者が 1 人決まる確率

　2 回目は 2 人でじゃんけんし，その出し方は $3 \times 3 = 9$ 通りです．勝ち方は，1 人が 3 通り（グー，チョキ，パー）で，もう 1 人の勝ち方も 3 通り（グー，チョキ，パー）ですので，$3 + 3 = 6$ 通りとなります．ゆえに，

$$\frac{1}{3} \times \frac{6}{9} = \frac{2}{9}$$

　したがって，2 回目のじゃんけんにより勝者が 1 人に決まる確率は，

$$\frac{1}{9} + \frac{2}{9} = \frac{1}{3}$$

となります．

【問題 8.35】 4 人でじゃんけんを 1 回行うとき，2 人だけが勝つ確率とあいこになる確率を求めなさい．ただし，4 人はグー，チョキ，パーをそれぞれ 1/3 の確率で出すものとします．

(国家公務員一般職試験)

【解答】 まず，2 人だけが勝つ確率を求めます．
1 人の手の出し方はグー・チョキ・パーの 3 通りですので，
・4 人の手の出し方は，全部で $3 \times 3 \times 3 \times 3 = 3^4$ 通り
・4 人中 2 人が勝つのは ${}_4C_2$ 通り
・勝ち方はグー，チョキ，パーのいずれかであることから 3 通り
したがって，2 人だけが勝つ確率は，

$$\frac{{}_4C_2 \times 3}{3^4} = \frac{\dfrac{4 \times 3}{2 \times 1} \times 3}{3 \times 3 \times 3 \times 3} = \frac{2}{9}$$

となります．
　次に，あいこになる確率を求めます．**あいこの確率は余事象を考える**のがセオリーです．
・4 人の手の出し方は，全部で $3 \times 3 \times 3 \times 3 = 3^4$ 通り
・グー，チョキ，パーのうち，2 種類の手を選ぶのは ${}_3C_2$ 通り
・選んだ 2 通りの手（たとえば，グーとパー）を 4 人が出すのは $2^4 - 2$ 通り
　　　（4 人全員がグーあるいはパーを出すと引き分けるので 2 通りを差し引く）
・勝負がつく確率は

$$\frac{{}_3C_2 \times (2^4 - 2)}{3^4} = \frac{\frac{3 \times 2}{2 \times 1} \times (2^4 - 2)}{3 \times 3 \times 3 \times 3} = \frac{14}{27}$$

したがって，あいこになる確率は，

$$1 - \frac{14}{27} = \frac{13}{27}$$

となります.

【問題 8.36】赤色のカードが 3 枚，青色のカードが 2 枚，黄色のカードが 1 枚あります.隣り合うカードの色が異なるように，これらのカードを机の上に横一列に並べるとき，このようなカードの並べ方は全部で何通りあるか求めなさい.ただし，左右を入れ替えて同じ並びになるものは 2 通りとは数えないものとします.また，同じ色のカードは互いに区別できないものとします.

(国家公務員 II 種試験[教養])

【解答】解図（問題 8-36）の①〜⑥に，黄色のカードを並べることを考えれば，隣り合うカードの色が異なる並べ方は 6 通りとなります.

ただし，①に黄色を並べると

黄＋赤＋青＋赤＋青＋赤

⑥に黄色を並べて左右を入れ替えると

黄＋赤＋青＋赤＋青＋赤

のように同じになってしまいます.同様に，"②に黄色を入れて並べたもの=⑤に黄色を入れて左右を入れ替えたもの"，"③に黄色を入れて並べたもの=④に黄色を入れて左右を入れ替えたもの"ですので，この場合の並べ方は，

6−3=3通り

となります.一方，"青＋赤＋青＋赤＋黄＋赤"，"青＋赤＋黄＋赤＋青＋赤"も隣り合うカードの色が異なります.

以上より，求める答えは，

3＋2＝5通り

となります.

解図（問題 8-36）

【問題 8.37】工場 A と工場 B ではある共通の製品を製造しており，この製品について，1 か月間の工場 A での製造数は，工場 B での製造数の 3 倍であり，工場 A で製造された製品が不良品である確率は，工場 B で製造された製品が不良品である確率の1/2倍であることがわかっています．2 つの工場で製造された製品は，1 か月ごとに 1 か所に集められて出荷されますが，集められたものの中から 1 つを取り出して検査をしたところ，不良品でした．この不良品が工場 A で製造されたものである確率を求めなさい．

（国家公務員 II 種試験）

【解答】確率は，**具体的な数値を代入すれば求めやすい**ことから，問題文の条件に合うように具体的な数値を代入すれば，解表（問題 8-37）のようになります．したがって，不良品が工場 A で製造されたものである確率は，

$$\frac{15}{25} = \frac{3}{5}$$

であることがわかります．

解表（問題 8-37）

	工場A	工場B
製造数	300	100
不良品の確率	5%	10%
不良品数	15	10

【問題 8.38】箱の中に，6 個の赤い玉と 3 個の白い玉が入っており，この箱の中から同時に 2 個の玉を無作為に取り出すこととします．このとき，赤い玉が出れば 1 個につき 300 円を，白い玉が出れば 1 個につき 600 円をもらえることとした場合，もらえる金額の期待値はいくらか求めなさい．

（労働基準監督官採用試験）

【解答】9 個の玉から 2 個の玉を無作為に取り出す方法は，

$$_9C_2 = \frac{9 \times 8}{2 \times 1} = 36 \text{ 通り}$$

赤の玉が 2 個となる場合

$$_6C_2 = \frac{6 \times 5}{2 \times 1} = 15 \text{ 通り}　\text{ゆえに，もらえる金額は}\frac{15}{36} \times (300 + 300) = 250 \text{ 円}$$

白の玉が 2 個となる場合

$$_3C_2 = \frac{3 \times 2}{2 \times 1} = 3 \ \text{通り} \quad \text{ゆえに,もらえる金額は} \ \frac{3}{36} \times (600 + 600) = 100 \ \text{円}$$

赤の玉が1個,白の玉が1個となる場合

$$_6C_1 \times _3C_1 = \frac{6}{1} \times \frac{3}{1} = 18 \ \text{通り} \quad \text{ゆえに,もらえる金額は} \ \frac{18}{36} \times (300 + 600) = 450 \ \text{円}$$

したがって,もらえる金額の期待値は,

$$800 \ \text{円}$$

となります.

【問題8.39】AとBがコイン投げのゲームをします.AとBはゲーム開始時にそれぞれ100点ずつ持っており,3枚のコインを投げて,3枚全部が表だとAはBから50点もらえ,2枚のみが表なら30点,1枚のみが表なら10点もらえます.しかし,表が1枚も出なければ,80点をBにあげなくてはなりません.この場合,ゲームを行った後のAの点数の期待値を求めなさい.

(労働基準監督官採用試験)

【解答】1回の試行で事象Aが起こる確率をpとします.この試行をn回行うとき,事象Aがちょうどr回起こる確率P_rは,

$$P_r = {}_nC_r p^r q^{n-r} \quad (\text{ただし,} \ q = 1-p \ ; \ r = 0, 1 \cdots, n)$$

で求められます(**反復試行の定理**).

それゆえ,

3枚全部が表になる確率:$_3C_3 \left(\dfrac{1}{2}\right)^3 \left(\dfrac{1}{2}\right)^0 = \dfrac{1}{8}$

2枚のみが表になる確率:$_3C_2 \left(\dfrac{1}{2}\right)^2 \left(\dfrac{1}{2}\right)^1 = \dfrac{3}{8}$

1枚のみが表になる確率:$_3C_1 \left(\dfrac{1}{2}\right)^1 \left(\dfrac{1}{2}\right)^2 = \dfrac{3}{8}$

表が1枚も出ない確率:$_3C_0 \left(\dfrac{1}{2}\right)^0 \left(\dfrac{1}{2}\right)^3 = \dfrac{1}{8}$

したがって,ゲームを行った後のAの点数の期待値は,

$$100 + \frac{1}{8} \times 50 + \frac{3}{8} \times 30 + \frac{3}{8} \times 10 + \frac{1}{8} \times (-80) = 111.25$$

となります.

【問題 8.40】 5 つの選択肢の中から解答を 1 つ選ぶ問題が 40 題あります．A さんは，20 題は完璧に解答できましたが，残りの問題は全然分かりませんでした．そのため，分からなかった問題については無作為に 1 つの選択肢を選んで解答しました．完璧に解答できた 20 題については全て正答であったとすると，A さんが全体で 25 題以上正答する確率を表す式を答えなさい．ただし，各問題につき正答の選択肢は 1 つのみとします．

（国家公務員一般職試験）

【解答】反復試行の定理を適用する問題です．ここに，反復試行の定理とは，
1 回の試行で事象 A が起こる確率を p とすれば，この試行を n 回行うとき，事象 A がちょうど r 回起こる確率 P_r は，

$$P_r = {}_n\mathrm{C}_r \, p^r q^{n-r} \qquad (ただし，\quad q = 1 - p \ ; \ r = 0, 1 \cdots, n)$$

で求められるというものです．

A さんが全体で 25 題以上正答するためには，最初の 20 題については全て正答でしたので，残り 25 題のうちで 5〜20 題，正答する必要があります．ところで，

5 題の正答が得られる確率：${}_{20}\mathrm{C}_5 \left(\dfrac{1}{5}\right)^5 \left(\dfrac{4}{5}\right)^{20-5}$

6 題の正答が得られる確率：${}_{20}\mathrm{C}_6 \left(\dfrac{1}{5}\right)^6 \left(\dfrac{4}{5}\right)^{20-6}$

$$\vdots$$

20 題の正答が得られる確率：${}_{20}\mathrm{C}_{20} \left(\dfrac{1}{5}\right)^{20} \left(\dfrac{4}{5}\right)^{20-20}$

ですので，A さんが全体で 25 題以上正答する確率を表す式は

$$\sum_{k=5}^{20} {}_{20}\mathrm{C}_k \left(\dfrac{1}{5}\right)^k \left(\dfrac{4}{5}\right)^{20-k}$$

となります．

【問題 8.41】 確率変数 X の確率密度関数 $f(x)$ が，定数 k を用いて

$$f(x) = \begin{cases} kx(3-x) & (0 \leq x \leq 3) \\ 0 & (x < 0, 3 < x) \end{cases}$$

と表されるとき，k の値を求めなさい.

（国家公務員一般職試験）

【解答】 確率密度関数 $f(x)$ は

　$0 \leq x \leq 3$ で $kx(3-x)$

　$x < 0, 3 < x$ で 0

ですので，$f(x) = kx(3-x)$ を $0 \leq x \leq 3$ で積分した値は 1 になります．すなわち，

$$\int_0^3 kx(3-x)dx = k\left[3 \times \frac{x^2}{2} - \frac{x^3}{3}\right]_0^3 = k\left(\frac{27}{2} - 9\right) = \frac{9}{2}k = 1$$

したがって，求める答えは，

$$k = \frac{2}{9}$$

となります．

【問題 8.42】 ある通信回路に流れる電流の大きさが i である確率を表す確率密度関数 $f(i)$ は，以下の式で表されます.

$$f(i) = \begin{cases} \dfrac{1}{2}i - 1 & (2 \leq t \leq 4) \\ \\ 0 & (その他のとき) \end{cases}$$

この通信回路に流れる電流 i の平均値を求めなさい.

【解答】 電流 i の平均値（期待値）を E とすれば，定義式から，

$$E = \int_2^4 i \cdot f(i)di = \int_2^4 i \times \left(\frac{1}{2}i - 1\right)di = \left[\frac{1}{2} \times \frac{i^3}{3} - \frac{i^2}{2}\right]_2^4 = \frac{10}{3}$$

となります．

【問題 8.43】 ある会社がある製品を 10 万円で販売しており，その製品が販売後初めて故障するまでの年数が x 年である確率は，次の確率密度関数で与えられます．

$$f(x) = \frac{1}{9} x e^{-\frac{1}{3}x}$$

今後，アフターサービスとして，販売後 1 年以内に故障した場合には無料で修理することにしました．修理代は，故障 1 件あたり平均 1 万円かかるとすると，会社は販売する製品 1 台あたりの修理代がおよそいくらかかると考えればよいでしょうか．ただし，1 年以内に 2 回以上故障することは考えないこととし，$e^{-\frac{1}{3}} \fallingdotseq 0.717$ とします．

【解答】 会社が修理費を負担するのは，販売後 1 年以内に故障した製品についてだけですので，製品が 1 年以内に故障する確率 P を求め，これを 1 件あたりの修理代 1 万円に乗ずればよいはずです．P は確率密度関数 $f(x)$ を $[0, 1]$ の範囲で積分して求めることができます．すなわち，

$$P = \int_0^1 f(x)dx = \int_0^1 \frac{1}{9} x e^{-\frac{1}{3}x} dx = \frac{1}{9}\left[-3x e^{-\frac{1}{3}x}\right]_0^1 - \frac{1}{9}\int_0^1 (-3) e^{-\frac{1}{3}x} dx \text{ 5)}$$

$$= -\frac{1}{3} e^{-\frac{1}{3}} - \frac{1}{9}\left[-3 \times \frac{e^{-\frac{1}{3}x}}{(-1/3)}\right]_0^1 = -\frac{1}{3} e^{-\frac{1}{3}} - \frac{1}{9}\left(9 e^{-\frac{1}{3}} - 9\right) = 1 - \frac{4}{3} e^{-\frac{1}{3}}$$

ここで，$e^{-\frac{1}{3}} \fallingdotseq 0.717$ を代入すれば，

$$P \fallingdotseq 1 - \frac{4}{3} \times 0.717 = 0.044$$

となり，これに 1 万円を乗じると 1 台あたりの修理代の平均値は 440 円となります．

---

5) 部分積分法を適用します．すなわち，

$$(uv)' = u'v + uv' \quad \text{を変形して} \quad uv' = (uv)' - u'v$$

ここで，$u = x \rightarrow u' = 1$，$v' = e^{-\frac{1}{3}x} \rightarrow v = \dfrac{e^{-\frac{1}{3}x}}{-1/3} = -3 e^{-\frac{1}{3}x}$ として両辺を積分すれば，

$$\int_0^1 x e^{-\frac{1}{3}x} dx = \left[-3x e^{-\frac{1}{3}x}\right]_0^1 - \int_0^1 (-3) e^{-\frac{1}{3}x} dx$$

となります．

【問題 8.44】実数型確率変数 X について，X の累積分布関数 $F(t)$，すなわち，$X \leqq t$ となる確率 $P(X \leqq t)$ が次のように与えられています．このとき，X の期待値を求めなさい．

$$F(t) = P(X \leqq t) = \begin{cases} 1 - \dfrac{1}{(t+1)^3} & (t \geqq 0) \\[3mm] 0 & (t < 0) \end{cases}$$

（国家公務員 I 種試験）

【解答】確率密度関数，分布関数，連続型の期待値に関する知識があれば，この問題は次のように解くことができます．すなわち，

$$\int_{-\infty}^{t} f(t)dt = \int_{0}^{t} f(t)dt = 1 - \dfrac{1}{(t+1)^3} \tag{a}$$

$$(\because \ t < 0 \text{ で，} F(t) = P(X \leqq t) = 0)$$

が成立しますので，式(a)の両辺を t で微分すれば，

$$f(t) = 3 \times \dfrac{1}{(t+1)^4}$$

したがって，X の期待値 $E(X)$ は，

$$E(X) = \int_{0}^{\infty} t \cdot f(t)dt = 3 \times \int_{0}^{\infty} t \cdot \dfrac{1}{(t+1)^4}dt = 3 \times \int_{0}^{\infty} \dfrac{t+1-1}{(t+1)^4}dt = 3 \times \int_{0}^{\infty} \left\{ \dfrac{1}{(t+1)^3} - \dfrac{1}{(t+1)^4} \right\}dt$$

$$= 3 \left[\dfrac{1}{3(t+1)^3} - \dfrac{1}{2(t+1)^2} \right]_{0}^{\infty} = 3 \left(0 - 0 - \dfrac{1}{3} + \dfrac{1}{2} \right) = \dfrac{1}{2}$$

となります．

【問題 8.45】ある箱に様々な質量のネジが入れられています．これらのネジ1個あたりの質量が x である確率密度関数は定数 a を用いて次式で表されます．このとき，x の平均として最も妥当な値を求めなさい．

$$f(x) = \begin{cases} 0 & (0 < x < 5) \\[2mm] \dfrac{1}{a}e^{-x} & (5 \leqq x \leqq 10) \\[2mm] 0 & (10 < x) \end{cases}$$

（国家公務員総合職試験[大卒程度試験]）

【解答】まず，確率密度関数の積分値は 1 になることを利用して，定数 a の値を求めれば，

$$\int_5^{10} \frac{1}{a} e^{-x} dx = \frac{1}{a}\left[\frac{e^{-x}}{-1}\right]_5^{10} = -\frac{1}{a}\left(e^{-10} - e^{-5}\right) = 1$$

ゆえに，

$$a = e^{-5} - e^{-10}$$

となります．したがって，x の平均は，

$$\frac{1}{e^{-5} - e^{-10}} \int_5^{10} x e^{-x} dx$$

を計算すればよいことになります．ここで，$u' = e^{-x}$，$v = x$ とすれば，$u = -e^{-x}$，$v' = 1$ なので，

$$\int_5^{10} x e^{-x} dx = \left[-x e^{-x}\right]_5^{10} - \int_5^{10} (-e^{-x}) dx = -10e^{-10} + 5e^{-5} + \left[\frac{e^{-x}}{-1}\right]_5^{10} = -10e^{-10} + 5e^{-5} - \left[e^{-x}\right]_5^{10}$$

$$= -10e^{-10} + 5e^{-5} - e^{-10} + e^{-5} = -11e^{-10} + 6e^{-5}$$

よって，求める答え（x の平均として最も妥当な値）は，

$$\frac{1}{e^{-5} - e^{-10}} \int_5^{10} x e^{-x} dx = \frac{6e^{-5} - 11e^{-10}}{e^{-5} - e^{-10}}$$

となります．

第 9 章

数 列

●等差数列

(1) 一般項と和

初項が a_1，公差 d，末項 a_n の等差数列では，

一般項：$a_k = a_1 + (k-1)d$

初項から第 n 項までの和 S_n：$S_n = \dfrac{n}{2}\{2a_1 + (n-1)d\} = \dfrac{n}{2}(a_1 + a_n)$

となります [1].

(2) 調和数列

各項の逆数をとると等差数列となる数列を**調和数列**といいます.

(3) 等差中項

a，b，c がこの順に等差数列をなすとき，

$$2b = a + c$$

の関係が成立します. このとき，b を**等差中項**といいます.

●等比数列

(1) 一般項と和

初項が a_1，公比 r の等比数列では，

一般項：$a_k = a_1 r^{k-1}$

初項から第 n 項までの和 S_n：$S_n = \dfrac{a_1(1-r^n)}{1-r} = \dfrac{a_1(r^n - 1)}{r-1}$ $(r \neq 1)$

$S_n = na_1$ $(r = 1)$

となります [2]. また，$-1 < r < 1$ のとき，**無限等比数列の和**は，

---

[1] 公式の誘導

$S_n = a_1 + (a_1 + d) + (a_1 + 2d) + \cdots + \{a_1 + (n-2)d\} + \{a_1 + (n-1)d\}$ （第 1 項目から記述）

$S_n = \{a_1 + (n-1)d\} + \{a_1 + (n-2)d\} + \cdots + (a_1 + 2d) + (a_1 + d) + a_1$ （第 n 項目から記述）

2 つの式を合計した右辺は $2a_1 + (n-1)d$ が n 個現れますので，

$$2S_n = n\{a_1 + a_1 + (n-1)d\} = n\{a_1 + a_n\}$$

となって，公式が得られます.

$$S = \frac{a_1}{1-r}$$

で求められます.

(2) 等比中項

a, b, c がこの順に等比数列をなすとき,

$$\frac{b}{a} = \frac{c}{b} \quad \text{すなわち,} \quad b^2 = ac$$

の関係が成立します. このとき, b を**等比中項**といいます.

●階差数列

$a_{n+1} - a_n = b_n$ の関係が成立するとき, $\{b_n\}$ を $\{a_n\}$ の**階差数列**といい, その一般項は,

$$a_n = a_1 + \sum_{k=1}^{n-1} b_n \qquad (n \geqq 2)$$

で与えられます.

●和の公式と部分分数

和の公式と部分分数を以下に示します.

(1) 和の公式

$$\sum_{k=1}^{n} k = \frac{n(n+1)}{2}$$

$$\sum_{k=1}^{n} k^2 = \frac{n(n+1)(2n+1)}{6}$$

$$\sum_{k=1}^{n} k^3 = \left\{ \frac{n(n+1)}{2} \right\}^2$$

(2) 部分分数

$$\frac{1}{k(k+1)} = \frac{1}{k} - \frac{1}{k+1}$$

$$\frac{1}{k(k+1)(k+2)} = \frac{1}{2} \left\{ \frac{1}{k(k+1)} - \frac{1}{(k+1)(k+2)} \right\}$$

---

2) 公式の誘導

$$S_n = a_1 + a_1 r + a_1 r^2 + \cdots + a_1 r^{n-2} + a_1 r^{n-1}$$

$$-rS_n = \qquad -a_1 r - a_1 r^2 - \cdots - a_1 r^{n-2} - a_1 r^{n-1} - a_1 r^n$$

2 つの式を合計すると

$$(1-r)S_n = a_1 - a_1 r^n$$

となって, 公式が得られます.

●2項定理

2項定理とは，$(a+b)^n$ の展開式において，$a^{n-k}b^k$ の項の係数は $_n\mathrm{C}_k$ で与えられるというもので，以下のように表すことができます．

$$(a+b)^n =\, _n\mathrm{C}_0 a^n b^0 +\, _n\mathrm{C}_1 a^{n-1}b^1 +\, _n\mathrm{C}_2 a^{n-2}b^2 +\cdots+\, _n\mathrm{C}_n a^0 b^n = \sum_{k=0}^{n} {_n\mathrm{C}_k} a^{n-k}b^k$$

なお，$_n\mathrm{P}_k =\, _n\mathrm{C}_k \cdot k!$，$_n\mathrm{P}_k = \dfrac{n!}{(n-k)!}$ の関係がありますので，$a^{n-k}b^k$ の項の係数 $_n\mathrm{C}_k$ は，

$$\frac{n!}{(n-k)!\, k!}$$

と覚えても構いません．

●多項定理

$(a+b+c)^n$ の展開式において，$a^p b^q c^r$ の係数は

$$\frac{n!}{p!\, q!\, r!}$$

$$(p，q，r は 0 以上の整数で，p+q+r=n)$$

で与えられるというのが**多項定理**です．

【問題 9.1】 80 から 240 までの整数のうち，4 の倍数であるものの総和を求めなさい．

(国家公務員 II 種試験 [農業土木])

【解答】総和を求めますので，**数列の和**の問題です．80 から 240 までの整数のうち，4 の倍数は，

$$80，84，88，\cdots，240$$

で，項数は $n=41$，初項は $a_1 = 80$，末項は $a_{41} = 240$ となっていますので，総和 S は，

$$S = \frac{n}{2}(a_1 + a_n) = \frac{41}{2}(80+240) = 6560$$

と求まります．

【問題 9.2】 n は整数で $100 \leqq n \leqq 600$ とします. 7 で割ると 2 余る n のうち, 6 で割り切れる n の総和を求めなさい.

（労働基準監督官採用試験）

【解答】総和を求めますので, これは**数列の和**の問題であることに気づくでしょう. ところで,

7 で割ると 2 余る整数：9, 16, 23, <u>30</u>, 37, 44, 51, 58, 65, <u>72</u>, 79, 86, 93, 100, 107, <u>114</u>…

6 で割り切れる整数：6, 12, 18, 24, <u>30</u>, 36, 42, 48, 54, 60, 66, <u>72</u>, 78, 84, 90, 96, 102, 108, <u>114</u>…

ですので, 7 で割ると 2 余り, 6 で割り切れる数列は,

$$30, \quad 72, \quad 114\cdots$$

の等差数列でその公差は 42 であることがわかります.

　それゆえ, $100 \leqq n \leqq 600$ を満足する数列は

$$114, \quad 156, \quad 198, \quad 240, \quad 282, \quad 324, \quad 366, \quad 408, \quad 450, \quad 492, \quad 534, \quad 576$$

の 12 項ですので, 総和 S_{12} は,

$$S_{12} = \frac{n}{2}(a_1 + a_n) = \frac{12}{2}(114 + 576) = 4140$$

と求まります.

【問題 9.3】 $\displaystyle\sum_{k=1}^{20}\left(3k^2 - 2k + 8\right)$ の値を求めなさい.

（労働基準監督官採用試験）

【解答】それぞれの項について**和の公式**を適用すれば,

$$\sum_{k=1}^{20} 3k^2 = 3\left(1^2 + 2^2 + \cdots + 20^2\right) = 3 \times \frac{20 \times (20+1)(2 \times 20+1)}{6} = 10 \times 21 \times 41$$

$$\sum_{k=1}^{20} 2k = 2\left(1 + 2 + \cdots + 20\right) = 2 \times \frac{20 \times (20+1)}{2} = 20 \times 21$$

$$\sum_{k=1}^{20} 8 = 8 \times 20 = 160$$

　よって, 求める答えは,

$$\sum_{k=1}^{20}\left(3k^2 - 2k + 8\right) = 10 \times 21 \times 41 - 20 \times 21 + 8 \times 20 = 21(10 \times 41 - 20) + 160 = 8350$$

となります.

【問題9.4】次の漸化式によって定められる数列$\{a_n\}$について，a_{100}を求めなさい.

$$a_1 = 1, \quad a_{n+1} = \frac{a_n}{2a_n + 1} \quad (\text{n=1, 2, 3, } \cdots)$$

(国家公務員Ⅱ種試験[教養])

【解答】$a_1,\ a_2,\ a_3,\ a_4,\ \cdots$ を求めれば，

$$a_1 = 1 = \frac{1}{1}, \qquad a_2 = \frac{a_1}{2a_1 + 1} = \frac{1}{2 \times 1 + 1} = \frac{1}{3}$$

$$a_3 = \frac{a_2}{2a_2 + 1} = \frac{\frac{1}{3}}{2 \times \frac{1}{3} + 1} = \frac{1}{3} \times \frac{3}{5} = \frac{1}{5}, \qquad a_4 = \frac{a_3}{2a_3 + 1} = \frac{\frac{1}{5}}{2 \times \frac{1}{5} + 1} = \frac{1}{5} \times \frac{5}{7} = \frac{1}{7}$$

したがって，数列$\{a_n\}$の分母は$2 \times n - 1$となり，求める答えは，

$$a_{100} = \frac{1}{2n - 1} = \frac{1}{2 \times 100 - 1} = \frac{1}{199}$$

となります.

【問題9.5】数列$\{a_n\}$ $(n = 1, 2, 3, \cdots)$において，$a_1 = 1$，$a_{n+1} - a_n = \frac{1}{n(n+1)}$であるとき，$a_{10}$の値を求めなさい.

(国家公務員一般職試験)

【解答】階差数列$\{a_{n+1} - a_n\}$の一般項が$\frac{1}{n(n+1)}$であることから，$n \geqq 2$ のとき，数列$\{a_n\}$の一般項a_nは，

$$a_n = a_1 + \sum_{k=1}^{n-1} \frac{1}{k(k+1)}$$

で与えられます. したがって，求める答えは，

$$a_{10} = a_1 + \sum_{k=1}^{10-1} \frac{1}{k(k+1)} = a_1 + \sum_{k=1}^{9}\left(\frac{1}{k} - \frac{1}{k+1}\right) = 1 + \left(\frac{1}{1} - \frac{1}{2}\right) + \left(\frac{1}{2} - \frac{1}{3}\right) + \cdots + \left(\frac{1}{9} - \frac{1}{10}\right) = 2 - \frac{1}{10} = \frac{19}{10}$$

となります.

【問題 9.6】 等差数列 $\{a_n\}$ $(n=1,2,3,\cdots)$ が以下の条件(1), (2), (3)をすべて満たすとき, a_{30} の値を求めなさい.

(1) 公差は整数である.

(2) $a_2 + a_3 + a_4 = 30$

(3) $a_n > 30$ となる最小の n は 10 である.

（国家公務員一般職試験）

【解答】 初項が a_1, 公差が d である等差数列の一般項 a_k は,

$$a_k = a_1 + (k-1)d$$

と表されます.

それゆえ, 条件(2)は,

$$(a_1 + d) + (a_1 + 2d) + (a_1 + 3d) = 3a_1 + 6d = 30 \tag{a}$$

となり, 条件(3)は

$$a_{10} = a_1 + 9d > 30 \tag{b}$$

となります.

式(a)と式(b)から a_1 を消去すれば,

$$21d > 60 \quad \therefore d = 3$$

となり, $d = 3$ を式(a)に代入すれば,

$$a_1 = 4$$

が得られます.

したがって, 求める答えは,

$$a_{30} = 4 + (30-1) \times 3 = 91$$

となります.

【問題 9.7】 等差数列 $\{a_n\}$ において, $a_{10} - a_6 = 8$, $5a_3 = 7a_2$ であるとき, $a_8 + a_9 + a_{10}$ を求めなさい.

（国家公務員一般職試験）

【解答】 初項を a_1, 公差を d とすれば,

$$a_{10} = a_1 + (10-1)d = a_1 + 9d$$
$$a_6 = a_1 + (6-1)d = a_1 + 5d$$

なので,

$$a_{10} - a_6 = 4d = 8 \quad \therefore d = 2$$

また,

$$a_2 = a_1 + (2-1)d = a_1 + d = a_1 + 2$$
$$a_3 = a_1 + (3-1)d = a_1 + 2d = a_1 + 4$$

なので,

$$5(a_1 + 4) = 7(a_1 + 2) \quad \therefore a_1 = 3$$

ゆえに,

$$a_8 = a_1 + (8-1)d = 3 + 7 \times 2 = 17$$
$$a_9 = a_1 + (9-1)d = 3 + 8 \times 2 = 19$$
$$a_{10} = a_1 + (10-1)d = 3 + 9 \times 2 = 21$$

したがって,求める答えは,

$$a_8 + a_9 + a_{10} = 17 + 19 + 21 = 57$$

となります.

【問題 9.8】第 3 項が 70,第 9 項から第 18 項までの和が 385 である等差数列があります.この数列の初項から第 n 項までの和が最大となる n の値を求めなさい.

(国家公務員一般職試験)

【解答】初項を a_1,交差を d とすれば,
$$a_3 = a_1 + (3-1)d = 70$$
$$\therefore a_1 + 2d = 70 \tag{a}$$
第 9 項から第 18 項までの和 S_{9-18} は,
$$S_{9-18} = \frac{10}{2}(a_9 + a_{18}) = 5(a_1 + 8d + a_1 + 17d) = 5(2a_1 + 25d) = 385$$
$$\therefore 2a_1 + 25d = 77 \tag{b}$$
式(a)と式(b)より,
$$a_1 = 76, \quad d = -3$$
それゆえ,初項から第 n 項までの和 S_n は,
$$S_n = \frac{n}{2}\{2a_1 + (n-1)d\} = \frac{n}{2}(2 \times 76 + 3 - 3n)$$
$$\therefore 2S_n = n(149 - 3n) = -3n^2 + 155n$$
S_n が最大となる n の値は,
$$\frac{d(2S_n)}{dn} = -6n + 155 = 0 \quad \therefore n = 25.8$$
n は整数なので,
$$n = 25 \text{ だと},\quad S_{25} = \frac{25}{2}(2 \times 76 + 3 - 3 \times 25) = 1,000$$
$$n = 26 \text{ だと},\quad S_{26} = \frac{26}{2}(2 \times 76 + 3 - 3 \times 26) = 1,001$$

$$n = 27 \text{だと,} \quad S_{27} = \frac{27}{2}(2 \times 76 + 3 - 3 \times 27) = 999$$

したがって，求める答えは，

$$n = 26$$

となります．

> 【問題 9.9】500 以下の自然数の中で，次のような数の和を求めなさい．
>
> (1) 3 の倍数
> (2) 3 または 5 の倍数
> (3) 3 の倍数であるが 5 の倍数でない数

【解答】

(1) $500 = 3 \times 166 + 2$ ですので，500 以下の 3 の倍数は，

初項が 3，末項が 498，公差が 3，項数が 166 の等差数列

になっており，その和 S_1 は，

$$S_1 = \frac{n(a_1 + a_n)}{2} = \frac{166(3 + 498)}{2} = 41,583$$

となります．

(2) $500 = 5 \times 100 + 0$ ですので，500 以下の 5 の倍数は，

初項が 5，末項が 500，公差が 5，項数が 100 の等差数列

になっており，その和 S_2 は，

$$S_2 = \frac{n(a_1 + a_n)}{2} = \frac{100(5 + 500)}{2} = 25,250$$

ところで，3 と 5 の最小公倍数は 15 ですので，$500 = 15 \times 33 + 5$ から，500 以下の 15 の倍数は，

初項が 15，末項が 495，公差が 15，項数が 33 の等差数列

になっており，その和 S_3 は，

$$S_3 = \frac{n(a_1 + a_n)}{2} = \frac{33(15 + 495)}{2} = 8,415$$

よって，3 または 5 の倍数の和 S_4 は，解図（問題 9-9）を参照して，

$$S_4 = S_1 + S_2 - S_3 = 41,583 + 25,250 - 8,415 = 58,418$$
$$(\because \ A \bigcup B = A + B - A \bigcap B)$$

と求まります．

(3) 3 の倍数であるが 5 の倍数でない数の和 S_5 は，解図（問題 9-9）を参照して

$$S_5 = S_1 - S_3 = 41,583 - 8,415 = 33,168$$

と求まります[3)].

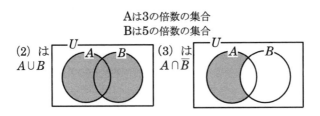

Aは3の倍数の集合
Bは5の倍数の集合

(2) は
$A \cup B$

(3) は
$A \cap \overline{B}$

解図（問題9-9）

3）下図のような集合の図を考えると，3の倍数であるが5の倍数でない数の和S_5は，$A \cap \overline{B} = A - A \cap B$の集合で求まることがわかります．

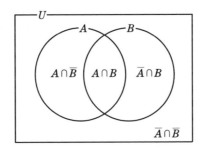

【問題 9.10】図（問題 9-10）のように，1 辺の長さが a の正方形の内部に，辺の中点を結んだ正方形を作り，さらに，その正方形の内部に辺の中点を結んだ正方形を作ります．このようにして正方形の内側に，無限に正方形を作っていったとき，その面積の総和を求めなさい．

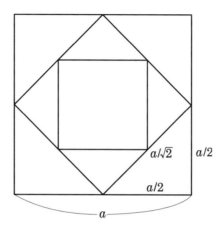

図（問題 9-10）

【解答】三平方の定理を適用すれば，辺の中点を結んでできる 2 番目の正方形の一辺 x は，

$$x = \sqrt{(a/2)^2 + (a/2)^2} = \frac{a}{2}\sqrt{2} = \frac{a}{\sqrt{2}}$$

それゆえ，面積比は，

$$S_1 : S_2 = a^2 : \left(\frac{a}{\sqrt{2}}\right)^2 = 1 : \frac{1}{2} \quad \text{ゆえに，} \quad S_2 = \frac{1}{2}S_1 = \frac{1}{2}a^2$$

同様に，

$$S_2 : S_3 = 1 : \frac{1}{2} \quad \text{ゆえに，} \quad S_3 = \frac{1}{2}S_2 = \frac{1}{2} \times \frac{1}{2}a^2$$

したがって，

$$S_i = \left(\frac{1}{2}\right)^{i-1} a^2$$

となりますので，n 個の等比級数の和 S_n は，

$$S_n = \sum_{i=2}^{n+1} S_i = \left\{\frac{1}{2} + \left(\frac{1}{2}\right)^2 + \cdots + \left(\frac{1}{2}\right)^n\right\}a^2 = \frac{1 - \left(\frac{1}{2}\right)^n}{1 - \frac{1}{2}}a^2 = 2\left\{1 - \left(\frac{1}{2}\right)^n\right\}a^2$$

以上より，答えとして，

$$S = \lim_{n \to \infty} S_n = 2a^2$$

が得られます．なお，公比 r は $r = \dfrac{1}{2}$ で $-1 < r < 1$ ですので，以下のように**無限等比数列の和を求める公式**を適用しても構いません．

$$S = \frac{a_1}{1-r} = \frac{a^2}{1-\dfrac{1}{2}} = 2a^2$$

【問題 9.11】 n を自然数[4]としたとき，4^n の全ての約数の和が 8,191 になるような n の値を求めなさい．

【解答】 $4^n = \left(2^2\right)^n = 2^{2n}$ ですので，4^n の約数は，

$$1, \quad 2, \quad 2^2 \cdots\cdots 2^{2n}$$

であることがわかります．この約数の数列は，初項が $a_1 = 1$，公比が $r = 2$ ですので，初項 $(a_1 = 1)$ から第 $2n+1$ 項 $(a_{2n+1} = 2^{2n})$ までの和 S_{2n+1} は，

$$S_{2n+1} = \frac{a_1(1-r^{2n+1})}{1-r} = \frac{1(1-2^{2n+1})}{1-2} = 2^{2n+1} - 1 = 8,191$$

となります．ところで，$2^{13} = 8,192$ ですので，

$$2^{2n+1} = 2^{13} \quad \text{ゆえに，} \quad 2n+1 = 13$$

したがって，答えは，

$$n = 6$$

となります．

【問題 9.12】 $(x+2)^{10}$ の展開式における x^5 の係数を求めなさい．

（労働基準監督官採用試験）

【解答】 **2 項定理**に関する問題です．$_nC_k \times a^{n-k}b^k$ において，$n = 10$，$k = 5$，$a = x$，$b = 2$ を代入すれば，

$$_nC_k \times a^{n-k}b^k = {}_{10}C_5 \times x^{10-5} \times 2^5 = {}_{10}C_5 \times x^5 \times 2^5 = \frac{10 \cdot 9 \cdot 8 \cdot 7 \cdot 6}{5!} \times x^5 \times 2^5 = 8,064\,x^5$$

よって，答えである x^5 の係数は 8,064 となります．

4）**自然数**は正の整数とする場合と，0 を含める場合があります．

なお，x^5 の係数は，

$$\frac{n!}{(n-k)!\,k!} \times x^5 \times 2^5 = \frac{10!}{(10-5)! \times 5!} \times x^5 \times 2^5 = 8{,}064\,x^5$$

としても求まります.

【問題 9.13】$(a+3b-2c)^6$ の展開式における $a^2 b^2 c^2$ の係数を求めなさい.

【解答】多項定理に関する問題です. $(a+b+c)^n$ における $a^p b^q c^{n-p-q}$ の係数は，

$$\frac{n!}{p!\,q!\,(n-p-q)!}$$

ですので，$a=a$，$b=3b$，$c=-2c$，$p=2$，$q=2$，$n-p-q=6-2-2=2$ を代入すれば，

$$\frac{6!}{2!2!(6-2-2)!} \times a^2 \times (3b)^2 \times (-2c)^{6-2-2} = \frac{6 \cdot 5 \cdot 4 \cdot 3 \cdot 2 \cdot 1}{8} \times a^2 \times 9b^2 \times 4c^2 = 3{,}240\,a^2 b^2 c^2$$

よって，答えである $a^2 b^2 c^2$ の係数は 3,240 となります.

【問題 9.14 [やや難]】12^{100} を 10 で割ったときの余りを求めなさい.

【解答】2 項定理を用いて，12^{100} を展開すれば，

$$12^{100} = (10+2)^{100} = {}_{100}\mathrm{C}_0 10^{100} 2^0 + {}_{100}\mathrm{C}_1 10^{99} 2^1 + {}_{100}\mathrm{C}_2 10^{98} 2^2 + \cdots + {}_{100}\mathrm{C}_{100} 10^0 2^{100}$$

上式において，${}_{100}\mathrm{C}_{100} 10^0 2^{100} = 2^{100}$ 以外はすべて 10 で割り切れる数字で，余りはありません.
　ところで，10 で割り切れない 2^{100} は，

$$2^{100} = \left(2^4\right)^{25} = (10+6)^{25} = {}_{25}\mathrm{C}_0 10^{25} 6^0 + {}_{25}\mathrm{C}_1 10^{24} 6^1 + {}_{25}\mathrm{C}_2 10^{23} 6^2 + \cdots + {}_{25}\mathrm{C}_{25} 10^0 6^{25}$$

であり，${}_{25}\mathrm{C}_{25} 10^0 6^{25} = 6^{25}$ 以外はすべて 10 で割り切れる数字で，余りはありません. また，10 で割り切れない 6^{25} のような 6 の累乗は，

$$6^1 = 6, \quad 6^2 = 36, \quad 6^3 = 216, \quad \cdots$$
$$（10 で割ったときの余りは 6）$$

のように 1 桁目が必ず 6 になります. したがって，12^{100} を 10 で割ったときの余りは，6^{25} を 10 で割ったときの余りと等しく，6 となります.

第10章

統計的手法

●母集団と標本

統計的性質を知りたいと思う集団全体を**母集団**，母集団の統計的性質について推測を行うために母集団から抽出された一部分を**標本**といいます．

いま，X_1，X_2，$\cdots$，X_n を標本変量とした場合，以下のような統計量を計算することができます．

(1) 標本平均

$$\overline{X} = \frac{1}{n}\sum_{k=1}^{n} X_k$$

(2) 標本分散

$$s^2 = \frac{1}{n}\sum_{k=1}^{n}(X_k - \overline{X})^2$$

(3) 不偏分散

$$u^2 = \frac{1}{n-1}\sum_{k=1}^{n}(X_k - \overline{X})^2 = \frac{n}{n-1}s^2$$

●正規分布

正規分布は連続型確率変数の分布で，変数域は $-\infty$ から $+\infty$ までの実数値をとり，確率密度関数は次のように示されます．

$$f(x) = \frac{1}{\sigma\sqrt{2\pi}}e^{-\frac{(x-\mu)^2}{2\sigma^2}}$$

ちなみに，平均値が μ（ミューと読みます）で，分散が σ^2 の正規分布は $N(\mu, \sigma^2)$ と表記されます[1]．参考までに，図10-1に $N(3, 2^2)$ の概形を示しておきます．

ところで，正規分布の変数 x を

$$z = \frac{x-\mu}{\sigma}$$

のように変換（z 変換）すると，確率密度関数は，

---

1) 分散の平方根である σ を**標準偏差**といい，

  ①平均値 $\pm\,\sigma$ の範囲内には全データの 68.27%

  ②平均値 $\pm\,2\sigma$ の範囲内には全データの 95.45%

  ③平均値 $\pm\,3\sigma$ の範囲内には全データの 99.73%

が含まれます．

$$f(x) = \frac{1}{\sqrt{2\pi}} e^{-\frac{1}{2}z^2}$$

のような簡単な形になります．この形の正規分布を**標準正規分布**といい，分布の平均値は 0，分散は 1 となっています．

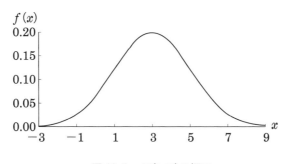

図 10-1　$N(3,2^2)$の概形

●中心極限定理

母集団の分布がいかなるものであろうとも，そこからとってきた n 個の標本の和 $S_n = X_1 + X_2 + \cdots + X_n$ の分布は，n が大きければ，正規分布と考えてよいというのが**中心極限定理**です．

●区間推定

区間推定とは，誤差（不確かさ）を考慮し，ある幅をもって母数の推定値を示すことで，たとえば，$P(175.0 \leq \mu \leq 185.0) = 0.95$ のように示した場合は，母平均の区間推定結果は，信頼係数 95%のもとで

$$175.0 \leq \mu \leq 185.0$$

であることを表しています．この時，175.0 が下側信頼限界，185.0 が上側信頼限界に対応します．

なお，信頼区間を言葉で表した

$$標本平均 - \left(\begin{array}{l}精度に対\\応する値\end{array}\right) \cdot \frac{母標準偏差}{\sqrt{n}} \leq 母平均 \leq 標本平均 + \left(\begin{array}{l}精度に対\\応する値\end{array}\right) \cdot \frac{母標準偏差}{\sqrt{n}}$$

からもわかるように，信頼区間を求めるには，母標準偏差 σ をわかっている必要があるのですが，実際はわかっていないときがほとんどです．ただし，標本の大きさ n が大きければ（25 以上），母標準偏差 σ を標本標準偏差 s で置き換えても大きな間違いが生じないことが知られていますので，母平均 μ に対する信頼度 95%の信頼区間は，

$$\overline{X} - 1.96 \times \frac{s}{\sqrt{n}} \leq \mu \leq \overline{X} + 1.96 \times \frac{s}{\sqrt{n}}$$

で求めても差し支えありません．なお，母集団の平均 μ を精度 95%で求める場合を式で表すと，

$$P\left(\left|\overline{X} - \mu\right| \le 1.96\frac{\sigma}{\sqrt{n}}\right) = 0.95$$

となります.

●回帰分析

　たとえば，身長と体重のような，相互依存の関係にある2変量があるとき，一方の組の数値が与えられれば，他方の組を予測することができます．少し乱暴ですが，**回帰分析**とは，複数の変数間の関係を1次方程式（$Y = aX + b$）の形で表現する分析方法です.

　なお，予測したい変数のことを**目的変数**（または被説明変数）といい，目的変数を説明する変数のことを**説明変数**（または独立変数）と呼びます．目的変数は1つですが，説明変数の数はいくつでもよく，説明変数が2つ以上のときは**重回帰**，1つのときは特に**単回帰**と呼びます．また，求められた1次方程式を**回帰式**と呼ぶこともあります.

●相関係数
<ruby>相関係数<rt>そうかんけいすう</rt></ruby>

　相関係数とは，2つの確率変数間の相関（類似性の度合い）を示す統計学的指標のことで，–1から1の間の実数値をとります．相関係数が1に近いときは2つの確率変数には正の相関があるといい，–1に近ければ負の相関があるといいます（0に近いときはもとの確率変数の相関は弱いことになります）.

●t検定

　いま，正規分布にしたがう2つの母集団があるとします．この2つの母集団について，**平均値に有意差があるかどうかを判断するのに用いるのが t 検定**です．t検定には，片側のみを検定する片側検定と両側を検定する両側検定がありますが，ほとんどの検定では両側検定が使用されています.

　なお，t検定は，2つの母集団の分散が等しい場合と異なる場合とで用いられる公式が違いますので，先に **2つの母集団の分散に有意差があるかどうかを F 検定によって判断**します.

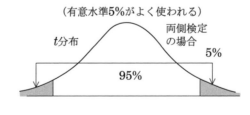

図 10-2　t 検定

●χ^2検定

　χ^2検定（カイ<ruby>二乗<rt>にじょう</rt></ruby>検定と読みます）は，2つのカテゴリー変数間の間に関係があるかどうかを明らかにする技法で，たとえば，塩分摂取量の多い・少ないと高血圧の有無との相関

は χ^2 検定で解析することができます.

●帰無仮説

差があるかどうかを確認するために統計的検定をするのですが,推計学では"差がある"ことから出発するのではなく,"差がない"という前提(仮説)から出発します.そして,"差がない"という仮説を否定(棄却)することで"差がある"という結論を得るのが推計学における**帰無仮説**です.

なお,帰無仮説が正しいときに,帰無仮説が誤りであるとして棄却するという誤りが**"第一種の過誤(α エラー)"**といいます.また,帰無仮説が誤っているにもかかわらず,帰無仮説を採択してしまう誤りが**"第二種の過誤(β エラー)"**です.

【問題 10.1】5 つの値 45,65,50,55,35 の分散を求めなさい.

(国家公務員一般職試験)

【解答】「平均からの差の 2 乗」を平均したものが分散です.

手順 1. 平均を計算

$$\frac{45+65+50+55+35}{5} = 50$$

手順 2.「平均からの差の 2 乗」を計算

$$(45-50)^2 = 25, \quad (65-50)^2 = 225, \quad (50-50)^2 = 0, \quad (55-50)^2 = 25, \quad (35-50)^2 = 225$$

手順 3. 分散(計算結果の平均)を計算

$$\frac{25+225+0+25+225}{5} = 100$$

したがって,求める答え(分散)は 100 となります.

【問題 10.2】1〜6 の目をもつ 1 個のサイコロを 1 回投げたときに出る目の分散および標準偏差を求めなさい.

(国家公務員一般職試験)

【解答】サイコロを 1 回投げたときに出る目の**期待値**は,

$$E(X) = 1 \times \frac{1}{6} + 2 \times \frac{1}{6} + 3 \times \frac{1}{6} + 4 \times \frac{1}{6} + 5 \times \frac{1}{6} + 6 \times \frac{1}{6} = \frac{21}{6} = \frac{7}{2}$$

です．平均値は期待値ですので**分散**σ^2は「(各値－平均値)²の平均」で求まり，

$$\sigma^2 = \frac{(1-7/2)^2+(2-7/2)^2+(3-7/2)^2+(4-7/2)^2+(5-7/2)^2+(6-7/2)^2}{6} = \frac{70}{24} = \frac{35}{12}$$

となります．また，標準偏差σは，

$$\sigma = \sqrt{\frac{35}{12}} = \sqrt{\frac{35\times12}{12\times12}} = \frac{\sqrt{4\times105}}{12} = \frac{\sqrt{105}}{6}$$

となります．

【**問題 10.3**】確率変数Xの期待値は 4 で標準偏差が 2 であり，確率変数Yの期待値は 7 で標準偏差が$\sqrt{3}$であり，XとYは互いに独立です．$X+2Y$の期待値を$E(X+2Y)$，標準偏差を$\sigma(X+2Y)$とすると，$E(X+2Y)+\sigma(X+2Y)$はいくらか求めなさい．なお，確率変数Zの標準偏差$\sigma(Z)$は，Zの期待値を$E(Z)$とすると，次のように計算できます．

$$\sigma(Z) = \sqrt{E(\{Z-E(Z)\}^2)} = \sqrt{E(Z^2)-\{E(Z)\}^2}$$

(国家公務員総合職試験[大卒程度試験])

【**解答**】この問題を解くのに必要な定理を以下に示します．

① 確率変数の積の期待値の公式

$E(XY) = E(X)E(Y)$

② 確率変数の和の期待値の公式

$E(X+Y) = E(X)+E(Y)$

③ $X+Y$の分散$\sigma^2(X+Y)$は，それぞれの確率変数の分散の和に等しい．

$\sigma^2(X+Y) = \sigma^2(X)+\sigma^2(Y)$

なお，分散は標準偏差を 2 乗したものです．

$X+2Y$の標準偏差$\sigma(X+2Y)$は次のようにして求まります．

$\sigma(Y) = \sqrt{E(Y^2)-\{E(Y)\}^2}$に与えられた数値を代入すれば，

$$\sqrt{3} = \sqrt{E(Y^2)-7^2} \quad \therefore E(Y^2) = 52$$

ところで，$2Y$の標準偏差$\sigma(2Y)$は，

$$\sigma(2Y) = \sqrt{E(\{2Y\}^2)-\{E(2Y)\}^2}$$

で与えられるので，数値を代入すれば，

$$\sigma^2(2Y) = E(\{2Y\}^2)-\{E(2Y)\}^2 = 4\times52-4\times49 = 12$$

それゆえ,

$$\sigma^2(X+2Y) = \sigma^2(X) + \sigma^2(2Y) = 2^2 + 12 = 16 \quad \therefore \sigma(X+2Y) = 4$$

となります.

　したがって, 求める答えは,

$$E(X+2Y) + \sigma(X+2Y) = E(X) + E(2Y) + \sigma(X+2Y) = 4 + 14 + 4 = 22$$

となります.

【問題 10.4】A から E までの課題について統計的手法により解析を行う場合, 表（問題10-4）に示した課題と解析法の妥当な組み合わせを答えなさい.

表（問題 10-4）

	課　　　　題	解　析　法
A	血圧を従属変数, 塩分摂取量を独立変数としたとき, 血圧と塩分摂取量との相関	回帰分析
B	ある職場で肝臓への毒性を有する有機溶剤に高, 中, 低の 3 段階のばく露レベルがみられる場合の, 各ばく露レベルの労働者の肝臓機能検査を 3 段階のばく露レベルに分類する意義	回帰分析
C	実験動物におけるアニリン中毒群と対照群の血色素量の平均値の差	t 分布による両側検定
D	不自然な姿勢での作業がある労働者と, ない労働者における腰痛の有訴率の差	t 分布による両側検定
E	塩分摂取量が多い・少ないと高血圧の有無との相関	χ^2 適合度検定

（労働基準監督官採用試験）

【解答】回帰分析と t 検定および χ^2 検定（カイ二乗検定）の概略は, 以下の通りです.
　回帰分析：複数の変数間の関係を 1 次方程式（$Y = aX + b$）の形で表現する分析方法
　t 検定：2 つの母集団について, 平均値に有意差があるかどうかを判断するのに用いる解析法
　χ^2 検定：2 つのカテゴリー変数間の間に関係があるかどうかを明らかにする技法
したがって, 正解は,

$$A, \ C, \ E$$

であることがわかります.

【問題 10.5】 x と y の組が以下の表（問題 10-5）のように与えられるとき，x と y の相関係数を求めなさい．

表（問題 10-5）

x	-2	-1	0	1	2
y	1	0.5	0	-0.5	-1

（労働基準監督官採用試験）

【解答】 相関係数は，

$$相関係数 = \frac{共分散}{(x の標準偏差) \times (y の標準偏差)}$$

で求めることができます．

x の平均値は $\bar{x} = 0$ ，y の平均値も $\bar{y} = 0$ ですので，

$$共分散 = \frac{1}{n}\sum_{i=1}^{n}(x_i - \bar{x})(y_i - \bar{y}) = \frac{1}{5}\{(-2-0)\times(1-0) + (-1-0)\times(0.5-0) + (0-0)\times(0-0)$$
$$+ (1-0)\times(-0.5-0) + (2-0)\times(-1-0)\} = -1.0$$

$$x の標準偏差 = \sqrt{\frac{1}{n}\sum_{i=1}^{n}(x_i - \bar{x})^2} = \sqrt{\frac{1}{5}\{(-2-0)^2 + (-1-0)^2 + (0-0)^2 + (1-0)^2 + (2-0)^2\}} = \sqrt{2}$$

$$y の標準偏差 = \sqrt{\frac{1}{n}\sum_{i=1}^{n}(y_i - \bar{y})^2} = \sqrt{\frac{1}{5}\{(1-0)^2 + (0.5-0)^2 + (0-0)^2 + (-0.5-0)^2 + (-1-0)^2\}} = \sqrt{0.5}$$

したがって，

$$相関係数 = \frac{共分散}{(x の標準偏差) \times (y の標準偏差)} = \frac{-1.0}{\sqrt{2}\times\sqrt{0.5}} = -1.0$$

となります．

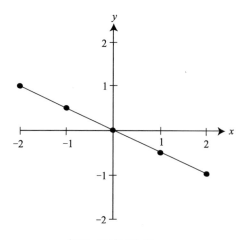

解図（問題 10-5）

　なお，手計算で相関係数を求めるのは大変ですが，解図（問題 10-5）のように散布図を描けば，相関係数は-1.0 であることがわかると思います．

【問題 10.6】 全国の 40〜44 歳男性の最高血圧は標準偏差が 19 mmHg の正規分布に従うことが知られているとします．いま，全国の 40〜44 歳男性を無作為に 80 名抽出して，最高血圧を測定したところ，平均は 140 mmHg でした．この結果から，全国の 40〜44 歳男性の最高血圧の平均値を 95％の信頼区間で推定するとき，区間幅が最小となるときの上限値を求めなさい．ただし，正規分布において，平均との差が標準偏差の 1.96 倍以下となる確率は 0.95 であるとします．

（労働基準監督官採用試験）

【解答】 標本平均は $\bar{X} = 140$ [mmHg]，母標準偏差は $\sigma = 19$ [mmHg]，標本の大きさ（サンプルサイズ）は $n = 80$ ですので，

$$1.96\frac{\sigma}{\sqrt{n}} = 1.96\frac{19}{\sqrt{80}} = 1.96\frac{19}{4\sqrt{5}} = 4.16 \quad (\because \sqrt{5} \fallingdotseq 2.236)$$

それゆえ，μ（μ はミューと読みます）を母平均とすれば，

$$\bar{X} - 1.96\frac{\sigma}{\sqrt{n}} \le \mu \le \bar{X} + 1.96\frac{\sigma}{\sqrt{n}}$$

すなわち，$140 - 4.16 \le \mu \le 140 + 4.16$

よって，

$$135.8\,\text{mmHg} \le \mu \le 144.2\,\text{mmHg}$$

になる確率は 95％ですので，求める上限値は，

$$144.2[\text{mmHg}]$$

となります．

【問題 10.7】 ある飲料製品会社が，自社の製品を飲んでいる人の比率を知るために消費者調査を行うことになりました．標本比率 R と母集団比率 p との差が 0.01 以下になる確率が 95％以上になるようにしなければならないとき，この会社は最低何人以上の消費者を調査すればよいか求めなさい．ただし，標本数 n が大きいとき，母集団比率 p の信頼度 95％の信頼区間は

$$\left(R - 1.96\sqrt{\frac{R(1-R)}{n}},\ R + 1.96\sqrt{\frac{R(1-R)}{n}} \right)$$

であるものとします．

（労働基準監督官採用試験）

【解答】母集団比率のことを母比率ともいい，この問題は母比率の区間指定に関する問題です．問題文から，母集団比率 p の信頼度95％の信頼区間は，

$$R - 1.96\sqrt{\frac{R(1-R)}{n}} \le p \le R + 1.96\sqrt{\frac{R(1-R)}{n}} \qquad (a)$$

と表すことができますので，$|p-R| = 0.01$ とすれば，

$$(p-R)^2 = 0.01^2 \quad \text{ゆえに，} \quad p = R \pm 0.01 \qquad (b)$$

したがって，式(a)と式(b)から，

$$0.01^2 = 1.96^2 \frac{R(1-R)}{n} \quad \text{ゆえに，} \quad n = 1.96^2 \times R(1-R) \times 10^4$$

ところで，

$$R(1-R) = -R^2 + R = -\left(R - \frac{1}{2}\right)^2 + \frac{1}{4} \le \frac{1}{4}$$

の関係が成り立ちますので，

$$n = 1.96^2 \times \frac{1}{4} \times 10^4 = 9,604$$

となり，答えは 9,604 人以上となります．

【問題 10.8】統計に関する A～E の記述のうちから，妥当なものを 2 つ選び出しなさい．

A　相関係数 r は，常に $-1 \le r \le 1$ の範囲をとる．

B　資料全体の中心的位置を表す値である代表値には，平均，中央値，最頻値，偏差値などがある．

C　正規分布は，確率密度関数が平均に関して対称であり，中央値と最頻値が平均に一致するという性質をもつ．

D　ランダム・サンプリング（無作為抽出）が実現できれば，標本調査であっても，常に全数調査と同じ結論を得ることができる．

E　仮説検定において「帰無仮説（証明したい仮説と論理的に対立する仮説）」が正しいにもかかわらずそれを棄却することを「第二種の誤り（過誤）」や「βエラー」などという．

(労働基準監督官採用試験)

【解答】A=正，B=誤（最頻値や偏差値は，中心的位置を表す代表値ではありません），C=正，D=誤（ランダム・サンプリングが常に全数調査と同じ結論を得ることはありません），E=誤（帰無仮説が正しいときに，帰無仮説が誤りであるとして棄却するという誤りが第一種の過誤（αエラー），帰無仮説が誤っているにもかかわらず，帰無仮説を採択してしまう誤りが第二種の過誤（βエラー）です）．

第 11 章

フローチャート

●フローチャート

　フローチャートとは**流れ図**とも呼ばれ，流れ作業の見取り図を表すものです．図 11-1 にフローチャートに使われる記号の意味を示しておきます．

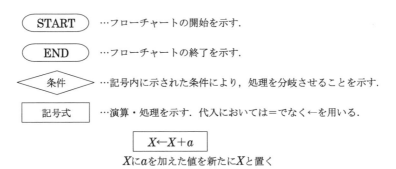

　　START　…フローチャートの開始を示す．

　　END　…フローチャートの終了を示す．

　　条件　…記号内に示された条件により，処理を分岐させることを示す．

　　記号式　…演算・処理を示す．代入においては＝でなく←を用いる．

$$X \leftarrow X + a$$
Xにaを加えた値を新たにXと置く

図 11-1　フローチャートに使われる記号の意味

●フローチャートの基本処理

　フローチャートの基本処理には図 11-2 に示すようなものがあり，これらを組み合わせることで複雑な計算を実行することができます．

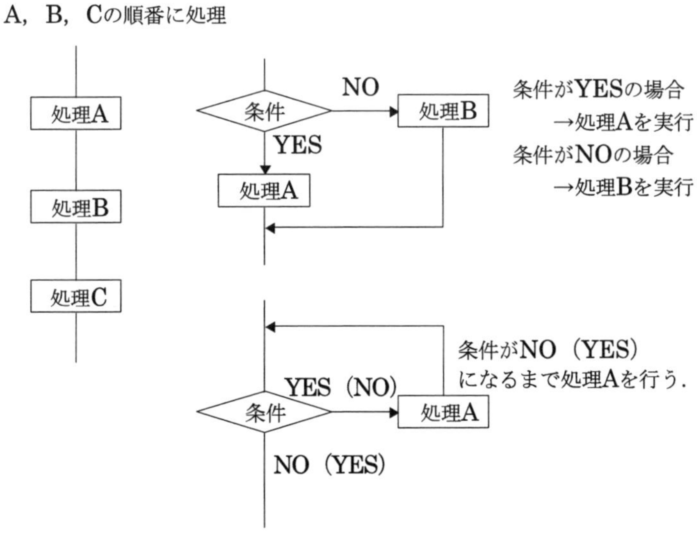

A，B，Cの順番に処理

　処理A

　処理B

　処理C

　　条件　NO　処理B
　　YES
　　処理A

条件がYESの場合
　→処理Aを実行
条件がNOの場合
　→処理Bを実行

　　YES（NO）
　　条件　処理A
　　NO（YES）

条件がNO（YES）
になるまで処理Aを行う．

図 11-2　フローチャートの基本処理

【問題 11.1】図（問題 11-1）のフローチャートを実行するとき，出力されるaの値を求めなさい．

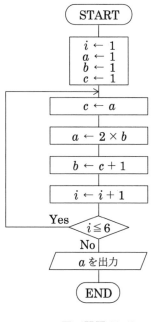

START

$i \leftarrow 1$
$a \leftarrow 1$
$b \leftarrow 1$
$c \leftarrow 1$

$c \leftarrow a$

$a \leftarrow 2 \times b$

$b \leftarrow c + 1$

$i \leftarrow i + 1$

Yes ← $i \leqq 6$

No

a を出力

END

図（問題 11-1）

（国家公務員一般職試験）

【解答】フローチャートにしたがって，aを求めていけば，以下のようになります．

①$i = 1$

$c = 1$，$a = 2$，$b = 2$

②$i = 2$

$c = 2$，$a = 4$，$b = 3$

③$i = 3$

$c = 4$，$a = 6$，$b = 5$

④$i = 4$

$c = 6$，$a = 10$，$b = 7$

⑤$i = 5$

$c = 10$，$a = 14$，$b = 11$

⑥$i = 6$

$c = 14$，$a = 22$，$b = 15$

したがって，出力されるaの値は，

$$a = 22$$

となります．

【問題 11.2】図（問題 11-2）のフローチャートにおいて，出力される a の値を求めなさい．

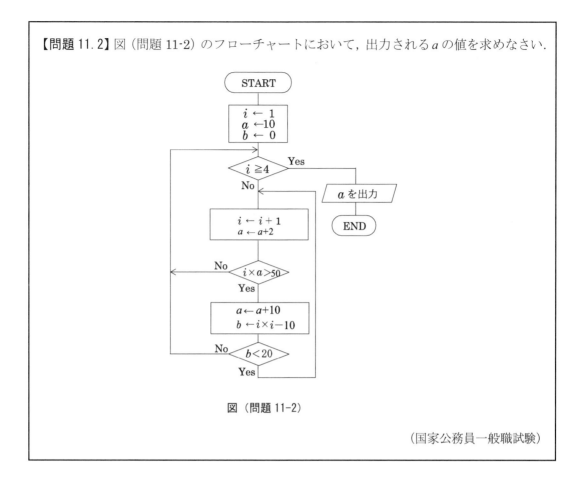

図（問題 11-2）

（国家公務員一般職試験）

【解答】フローチャートにしたがって，i，a，b を求めていけば，以下のようになります．

i	a	b
1	10	
2	12	
3	14	
4	16	
	26	6
5	28	
	38	15
6	40	
	50	26

したがって，出力される a の値は，

$$a = 50$$

となります．

【問題 11.3】図（問題 11-3）は，n 行 n 列の行列 A，B の積 $C = AB$ を求めるフローチャートです．⑦にあてはまるものとして最も妥当なものを選びなさい．ただし，n は 2 以上の整数とし，行列 A，B，C の i 行 j 列の成分をそれぞれ a_{ij}，b_{ij}，c_{ij} と表します．

1. $c_{ij} \leftarrow a_{ik} \times b_{kj}$

2. $c_{ij} \leftarrow a_{ki} \times b_{jk}$

3. $c_{ij} \leftarrow c_{ij} + a_{ij} \times b_{ij}$

4. $c_{ij} \leftarrow c_{ij} + a_{ik} \times b_{kj}$

5. $c_{ij} \leftarrow c_{ij} + a_{ki} \times b_{ki}$

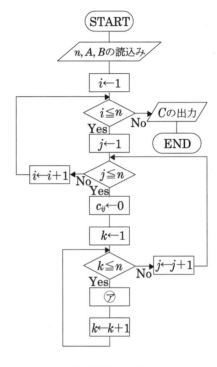

図（問題 11-3）

（国家公務員 II 種試験）

【解答】n は 2 以上の整数ですので，ここでは以下に示す 2 行 2 列の行列を想定することにします．

$$\begin{bmatrix} c_{11} & c_{12} \\ c_{21} & c_{22} \end{bmatrix} = \begin{bmatrix} a_{11} & a_{12} \\ a_{21} & a_{22} \end{bmatrix} \begin{bmatrix} b_{11} & b_{12} \\ b_{21} & b_{22} \end{bmatrix}$$

ただし，$c_{11} = a_{11}b_{11} + a_{12}b_{21}$，$c_{12} = a_{11}b_{12} + a_{12}b_{22}$，$c_{21} = a_{21}b_{11} + a_{22}b_{21}$，$c_{22} = a_{21}b_{12} + a_{22}b_{22}$

ここで，フローチャートに沿って，落ち着いて考えれば，正解は 4 であることがわかると思います．

【問題 11.4】図（問題 11-4）は，2 つの自然数 a，b（$a \geqq b$）の最大公約数を出力する処理を表すフローチャートです．2 つの自然数 X，Y（$X \geqq Y$）において，X を Y で割ったときの余りを R とすると，X と Y の最大公約数は，Y と R の最大公約数に等しい．この性質を用いると，次の操作①，②，③を行うことで，X と Y の最大公約数を求めることができます．

①X を Y で割ったときの余りを R とする．

②$R \neq 0$ のとき，Y の値を X に，R の値を Y に代入して①に戻る．$R = 0$ のとき③へ進む．

③このときの Y が最大公約数である．

　図中の⑦～㋔にあてはまるものの組合せとして最も妥当なものを解答群から選びなさい．ただし，$A \bmod B$ は，A を B で割ったときの余りを表す．

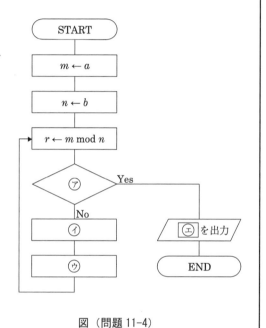

図（問題 11-4）

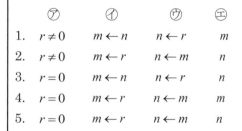

	⑦	㋑	㋒	㋓
1.	$r \neq 0$	$m \leftarrow n$	$n \leftarrow r$	m
2.	$r \neq 0$	$m \leftarrow r$	$n \leftarrow m$	n
3.	$r = 0$	$m \leftarrow n$	$n \leftarrow r$	n
4.	$r = 0$	$m \leftarrow r$	$n \leftarrow m$	m
5.	$r = 0$	$m \leftarrow r$	$n \leftarrow m$	n

（国家公務員一般職試験）

【解答】操作①，②，③中の X を m，Y を n，R を r に置き換えて，フローチャートを見ることにします．

　③より，$Y(n)$ が最大公約数ですから，㋔では n を出力しなければなりません．それゆえ，答えは 2，3，5 のいずれかです．

　$r = 0$ のときに，③に進んで最大公約数を出力しますので，⑦は $r = 0$ です．それゆえ，答えは 3，5 のいずれかです．

　②は，「$R \neq 0$（$r \neq 0$）のとき，$Y(n)$ の値を $X(m)$ に，$R(r)$ の値を $Y(n)$ に代入して①に戻る」ですので，㋑は $m \leftarrow n$，㋒は $n \leftarrow r$ となります．

　したがって，求める答えは 3 になります．

【問題 11.5】図（問題 11-5）は，漸化式

$$a_{n+1} = 2a_n + 1 \quad (n = 1, 2, \cdots), \quad a_1 = 3$$

にもとづいて a_{10} を求めるためのフローチャートです．図中の⑦，①にあてはまるものの組み合わせとして最も妥当なものを選びなさい．

	⑦	①
1.	$k \leftarrow 2 \times k + 1$	$j = 10$
2.	$k \leftarrow 2 \times k + 1 + k$	$j = 10$
3.	$k \leftarrow 2 \times k + 1 + j$	$j = 10$
4.	$k \leftarrow 2 \times k + 1$	$j = 9$
5.	$k \leftarrow 2 \times k + 1 + k$	$j = 9$

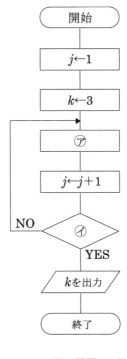

図（問題 11-5）

（国家公務員Ⅱ種試験）

【解答】フローチャートで，

$$j \text{ は } n \ (n = 1, 2, \cdots 10), \quad k \text{ は } a_j$$

を表していることがわかれば，正解は 1 であることがわかると思います．

【問題 11.6】　図（問題 11-6）のような流れ図に示すプログラムを実行することを考えます．ループにおける条件は，「変数名：初期値，増分，終値」をそれぞれ示しています．このとき，ループの終値 N と N に対して出力される Y の値の組み合わせとして妥当なのは次のうちではどれか答えなさい．

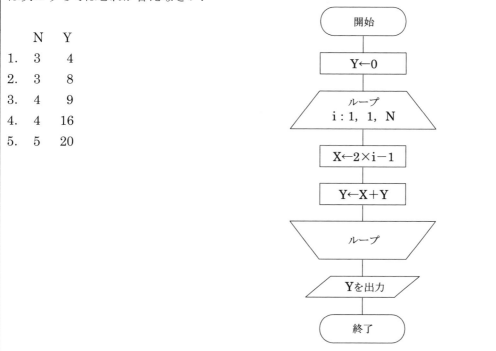

	N	Y
1.	3	4
2.	3	8
3.	4	9
4.	4	16
5.	5	20

図（問題 11-6）

（労働基準監督官採用試験）

【解答】具体的に代入していきます．

$i = 1$

　$X = 2 \times i - 1 = 2 \times 1 - 1 = 1$，　$Y = X + Y = 1 + 0 = 1$

$i = 2$

　$X = 2 \times i - 1 = 2 \times 2 - 1 = 3$，　$Y = X + Y = 3 + 1 = 4$

$i = 3$

　$X = 2 \times i - 1 = 2 \times 3 - 1 = 5$，　$Y = X + Y = 5 + 4 = 9$

$i = 4$

　$X = 2 \times i - 1 = 2 \times 4 - 1 = 7$，　$Y = X + Y = 7 + 9 = 16$

　これは 4 の N=4，Y=16 に対応しますので，答えは 4 であることがわかります．

【問題 11.7】2つの整数 X, Y ($0 \leqq X \leqq 7$, $0 \leqq Y \leqq 7$) の3桁の2進表現をそれぞれ $x_3x_2x_1$, $y_3y_2y_1$ とします. 図 (問題 11-7) は, この $x_3x_2x_1$ と $y_3y_2y_1$ との加算を行うフローチャートであり, その演算結果は4桁の2進表現 $z_4z_3z_2z_1$ で表されます. たとえば, $X=6$, $Y=7$ ならば, $x_3x_2x_1 = 110$, $y_3y_2y_1 = 111$ であり, その演算結果は $z_4z_3z_2z_1 = 1101$ となります. 図中の㋐, ㋑, ㋒に当てはまるものの組み合わせとして最も妥当なのはどれか選びなさい.

	㋐	㋑	㋒
1.	$z_i \leftarrow t-2$	$z_i \leftarrow t$	$z_i \leftarrow c$
2.	$z_i \leftarrow t-2$	$z_i \leftarrow t$	$z_i \leftarrow t$
3.	$z_i \leftarrow t-1$	$z_i \leftarrow t-2$	$z_i \leftarrow c$
4.	$z_i \leftarrow t-1$	$z_i \leftarrow t-2$	$z_i \leftarrow t$
5.	$z_i \leftarrow t$	$z_i \leftarrow t-2$	$z_i \leftarrow c$

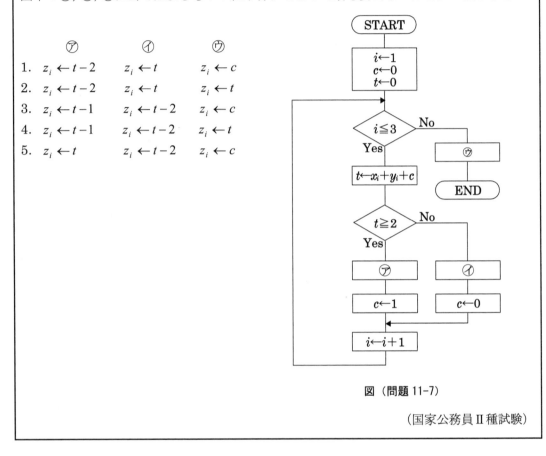

図 (問題 11-7)

(国家公務員 II 種試験)

【解答】フローチャートにしたがって, $i=1$, $i=2$, $i=3$, $i=4$ の順に計算していけば,

$i=1$

$\qquad t = x_1 + y_1 + c = 0 + 1 + 0 = 1$

$\qquad$ ($\because$ $x_3x_2x_1 = 110$, $y_3y_2y_1 = 111$ なので, $x_1 = 0$, $y_1 = 1$)

$\qquad$ ㋑で z_1 を計算すれば, $z_1 = 1$ にならなければなりません.

$\qquad$ ($\because$ $z_4z_3z_2z_1 = 1101$)

$\qquad$ したがって, ㋑は "$z_i \leftarrow t$"

$i=2$

$\qquad t = x_2 + y_2 + c = 1 + 1 + 0 = 2$

$\qquad$ ($\because$ $x_3x_2x_1 = 110$, $y_3y_2y_1 = 111$ なので, $x_2 = 1$, $y_2 = 1$)

$\qquad$ ㋐で z_2 を計算すれば, $z_2 = 0$ にならなければなりません.

$$(\because \ z_4 z_3 z_2 z_1 = 1101)$$

したがって，⑦は "$z_i \leftarrow t-2$"

$c = 1$

$i = 3$

$t = x_3 + y_3 + c = 1+1+1 = 3$

$(\because \ x_3 x_2 x_1 = 110, \ y_3 y_2 y_1 = 111 \text{ なので，} \ x_3 = 1, \ y_3 = 1)$

⑦で z_3 を計算すれば，$z_3 = 3-2 = 1$

$(\because \ \text{⑦は} \ "z_i \leftarrow t-2")$

$i = 4$

$t = x_3 + y_3 + c = 1+1+1 = 3$

$(\because \ x_3 x_2 x_1 = 110, \ y_3 y_2 y_1 = 111 \text{ なので，} \ x_3 = 1, \ y_3 = 1)$

⑦で z_4 を計算すれば $z_4 = 1$ にならなければなりません.

$(\because \ z_4 z_3 z_2 z_1 = 1101)$

したがって，⑦は "$z_i \leftarrow c$"

以上より，

$$z_4 z_3 z_2 z_1 = 1101 \text{ になるのは解答群の } 1$$

であることがわかります.

参考文献

[1] 涌井良幸, 涌井貞美：必ず使う数学公式215（改訂新版）, 学生社, 2005年.

[2] 涌井良幸：逆引き 数学公式146, 学生社, 2007年.

[3] 服部晶夫 監修：ニューアクションβ 数学Ⅰ＋A［数と式 数列］（改訂新版）, 東京書籍, 1999年.

[4] 服部晶夫 監修：ニューアクションβ 数学Ⅱ＋B［ベクトル 複素数］（改訂新版）, 東京書籍, 1999年.

[5] 柳川高明：チャート式 基礎からの数学Ⅱ （改訂新版）, 数研出版, 1998年

[6] 資格試験研究会編：工学に関する基礎（数学・物理）の頻出問題［改訂版］, 実務教育出版, 2003年.

[7] 東京リーガルマインド編：出る順 技術系公務員 ウォーク問 本試験問題集 工学の基礎 数学・物理 第2版, 2005年.

索　　引

■著者紹介

米田　昌弘　（よねだ・まさひろ）

1978 年 3 月　金沢大学工学部土木工学科卒業
1980 年 3 月　金沢大学大学院修士課程修了
1980 年 4 月　川田工業株式会社入社
1989 年 4 月　川田工業株式会社技術本部振動研究室 室長
1995 年 4 月　川田工業株式会社技術本部研究室 室長兼大阪分室長
1997 年 4 月　近畿大学理工学部土木工学科 助教授
2002 年 4 月　近畿大学理工学部社会環境工学科 教授
2021 年 3 月　近畿大学 定年退職
2021 年 4 月　近畿大学 名誉教授
　　　　　　　近畿大学キャリアセンター（キャリアアドバイザー）
2022 年 9 月　摂南大学理工学部都市環境工学科 特任教授
　　　　　　　（工学博士（東京大学），技術士（建設部門），
　　　　　　　特別上級土木技術者（鋼・コンクリート））

土木職公務員試験 専門問題と解答 数学編 ［第 3 版］

2009 年 2 月 20 日　初　版第 1 刷発行
2014 年 6 月 10 日　第 2 版第 1 刷発行
2023 年 1 月 10 日　第 3 版第 1 刷発行

■著　　者——米田昌弘
■発 行 者——佐藤　守
■発 行 所——株式会社 大学教育出版
　　　　　　　〒 700-0953　岡山市南区西市 855-4
　　　　　　　電話（086）244-1268代　FAX（086）246-0294
■印刷製本——モリモト印刷㈱

ISBN978-4-86692-233-1